ÉTUDES

SUR

LA FONDERIE

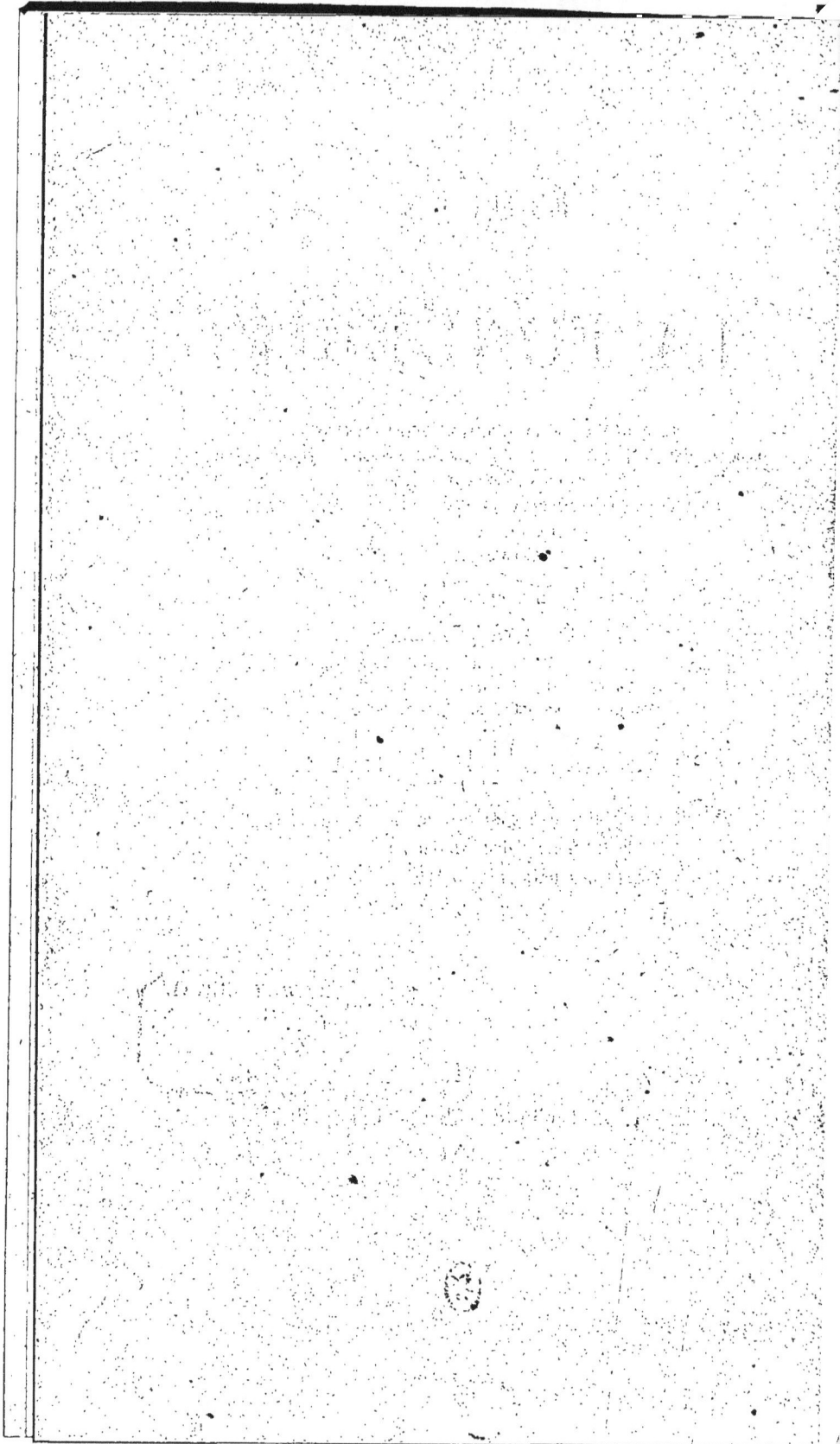

ÉTUDES

SUR

LA FONDERIE

RECHERCHES EXPÉRIMENTALES SUR LA CHALEUR
POSSÉDÉE PAR LES FONTES ET LES ACIERS AUX TEMPÉRATURES ÉLEVÉES
TEMPÉRATURES DE FUSION
RECHERCHES EXPÉRIMENTALES SUR LA FUSION AU CUBILOT
FABRICATION DES MOULAGES
EN FONTE MALLÉABLE ET EN ACIER FONDU

Par Ed. DENY

Ingénieur-directeur de l'usine de Mertzwiller, membre correspondant
de l'Académie de Metz et de l'Académie de Stanislas, à Nancy.
Ancien élève de l'École Nationale d'Arts et Métiers de Châlons.

Extrait du *Bulletin technologique*, n° 2 (mars-avril 1883),
de la Société des Anciens Élèves
des Écoles nationales d'Arts et Métiers.

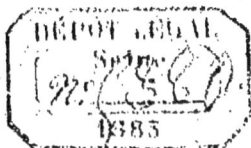

PARIS

LIBRAIRIE POLYTECHNIQUE DE J. BAUDRY, ÉDITEUR

15, RUE DES SAINTS-PÈRES, 15

Maison à Liège, rue Lambert-Lebègue, 19

1883

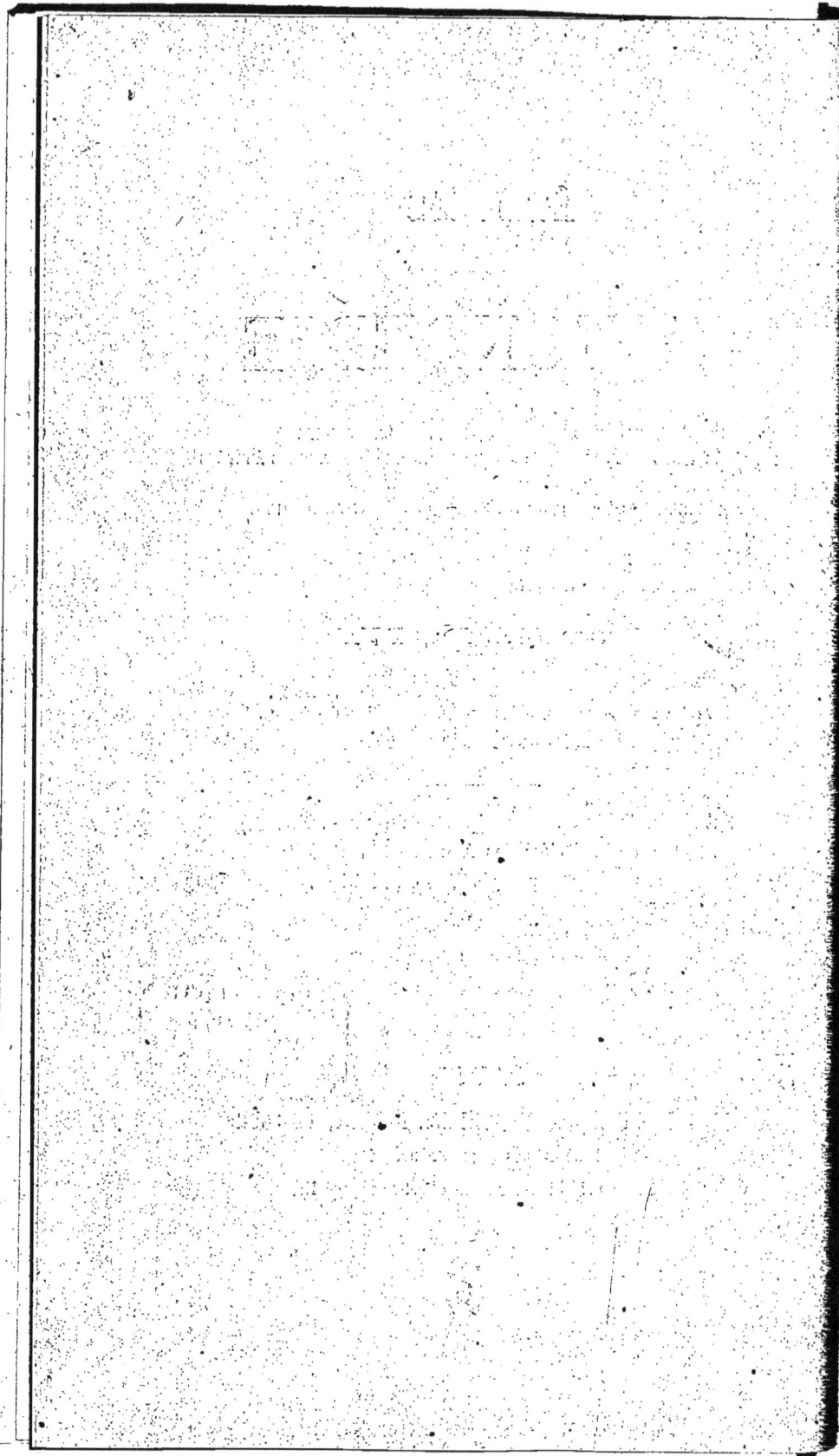

ÉTUDES SUR LA FONDERIE

I — RECHERCHES EXPÉRIMENTALES

SUR LA CHALEUR POSSÉDÉE PAR LES FONTES ET LES ACIER
AUX TEMPÉRATURES ÉLEVÉES

D'après Pouillet, les températures de fusion de la fonte seraient :

1050° pour les fontes blanches très fusibles
1100° — — peu fusibles
1100° — grises très fusibles
1200° — — de deuxième fusion
1250° — — manganésées
1300° pour les aciers les plus fusibles
1400° — les moins fusibles
1500° à 1600° pour les fers doux.

Les capacités calorifiques sont, d'après Regnault :

0.1098 pour le fer doux, entre 0 et 100°
0.1255 — — 0 et 350°
0.1273 pour le fine-métal entre 0 et 100°
0.1298 pour la fonte blanche très carburée.

Des chiffres trouvés par Pouillet, il résulte que la température de fusion des fers diminue avec leur degré de carburation ; et de ceux trouvés par Regnault, il résulte que les capacités calorifiques du fer augmentent avec les températures et avec leur degré de carburation.

D'après Poisson, la chaleur spécifique moyenne du fer serait de 0,171 entre 0 et 1000°.

D'autre part, d'après les expériences de M. A. de Vathaire (1), faites à l'aide d'un calorimètre à glace, la quantité de chaleur possédée par 1 kilog. de fonte à sa sortie du haut-fourneau serait　　280 calories pour la fonte blanche

330　—　pour la fonte grise.

MM. Résal, ingénieur des mines, et Minary, ingénieur des ateliers de Casamène (Doubs), qui ont entrepris des recherches expérimentales sur la température des métaux en fusion, en vue d'en déduire le coefficient de rendement des appareils employés, hauts fourneaux, cubilots, etc., et de rechercher les perfectionnements dont ces foyers sont susceptibles, sont arrivés aux chiffres que je citerai plus loin, d'après les *Annales des mines* auxquelles je les emprunte.

Le calorimètre dont ils se sont servis était formé d'une capacité en tôle de 0m40 de diamètre, muni d'un couvercle percé de trois ouvertures : l'une de 0m,075 de diamètre servant à introduire la fonte ; la seconde placée au centre et laissant passer la tige d'un plateau concave sur lequel se dépose le métal fondu, ce plateau supporté par des pieds était entouré d'eau ; la troisième, placée près du bord de l'appareil, correspondait à un tube intérieur percé de trous, destiné à recevoir un thermomètre. La fonte liquide était introduite dans le calorimètre à l'aide d'un entonnoir placé sur la grande ouverture du couvercle.

Le mode d'expérimentation est simple, on mesure la température primitive de l'eau en imprimant un mouvement alternatif au plateau récepteur et l'on note, après que la fonte a été versée, la température maximum atteinte par le liquide. On déduit de là, par un calcul facile, la chaleur totale de la fonte introduite, en tenant compte de la capacité calorifique du vase en métal employé.

Quant aux effets de rayonnement, les expérimentateurs les

1) *Études sur les hauts fourneaux.*

ont considérés comme négligeables. Ils ont opéré sur des quantités ne comprenant pas moins de 35 kilog. d'eau et 2 kilog. de fonte (1).

Pour permettre de relever facilement les poids, l'appareil a été placé sur une balance de précision, sensible à 5 grammes près.

Les expériences ont porté sur la fonte grise au coke provenant des hauts fourneaux de Rans et passée en deuxième fusion à l'un des cubilots de l'usine de Casamène.

La composition moyenne de cette fonte est :

$$
\begin{array}{lr}
\text{Fer.} \dots \dots & 94,5 \ 0/0 \\
\text{Carbone.} \dots \dots & 3,09 \\
\text{Silicium.} \dots \dots & 1,95
\end{array}
$$

Le poids total du calorimètre était 17^k,97, son équivalent calorifique en eau est de $17,97 \times 0,11379 = 1^k,817$, en se basant sur 0,11379, chaleur spécifique du fer et de la tôle et sur 0,13 pour la capacité calorifique de la fonte. Cela posé,

T_0 étant la température initiale du calorimètre,

T — la température finale,

Q — le poids de l'eau employée,

q — le poids de fonte versée,

A — la chaleur totale contenue dans 1 kilog. de fonte en fusion, à son état initial; on a l'équation :

$$qA - q \times 0,13T = (T - T_0)(Q + 1,817);$$

d'où l'on déduit

$$A = 0,13T + (T - T_0)\left(\frac{Q + 1,817}{q}\right).$$

En prenant de la fonte dans une poche, puis la versant dans le calorimètre au moment où se manifeste à la surface un commencement de formation de croûte solide, c'est-à-

(1) La quantité d'hydrogène provenant de l'eau décomposée par un poids aussi grand de fonte en fusion a dû certainement être assez élevée et beaucoup plus considérable que ne l'ont cru les opérateurs.

dire dans le voisinage du passage de l'état liquide à l'état solide ou pâteux, on a obtenu les résultats suivants :

T_0	T	Q	q	A
8	22	36,02	2,10	255,11
20	37	35,03	2,5	255,45
11,8	26,8	35,03	2,2	254,71
12,2	24,6	35,03	2	250,07
11,8	24,4	35,03	1,85	254,17
9,4	22,5	35,03	2,04	257,72

D'après ce tableau on pourrait considérer la chaleur totale de la fonte à son dernier état de fluidité comme égale à 255 calories.

En prenant de la fonte très chaude, puis descendant successivement jusqu'à l'état étudié plus haut, ces expérimentateurs ont obtenu les résultats suivants :

T_0	T	Q	q	A
10,6	25,8	35,03	1,94	292,04
10,4	30,4	35,03	2,70	276,85
10,6	44	35,63	4,71	267,01
11,7	38,4	35,03	3,84	261,19
10,2	26,8	35,03	2,38	260,48
23,5	45	35,03	3,13	260,09
11,5	33	35,03	3,10	259,24

Prenant la fonte dans les états successifs qu'elle présente à partir du point où elle commence à être visqueuse, ils ont obtenu

T_0	T	Q	q	A
10°2	25°	35°03	2,28	242°45
10°8	27°3	35°03	2,67	230°26
10°8	22°2	35°03	1,89	225°14
11°	24°7	35°03	2,27	225°50

Dans les deux dernières expériences la fonte avait atteint la limite inférieure de l'état pâteux, elle était prise dans une poche à l'aide d'une spatule.

Aux essais suivants, la fonte a été coulée préalablement dans une lingotière en sable de forme prismatique, puis le prisme obtenu a été brisé en fragments et projeté dans le calorimètre. Pour cette fonte qui venait à peine d'atteindre l'état solide et qui renfermait encore quelques parties liquides, ils ont obtenu :

T_0	T	Q	q	A
23°	33°	35° 03	1,67	224° 93

Un refroidissement un peu plus prolongé, la fonte ayant atteint une texture pour ainsi dire grenue et peu cohérente, a donné :

11° 8	22°	35° 03	1,77	215°2

Lorsque la fonte vient à se solidifier à la surface et que l'on enlève la matière liquide intérieure, il reste une sorte de squelette dont la chaleur totale est 215°,2. Enfin quand la matière a déjà pris un peu de consistance, on trouve A = 204°,4.

Ainsi donc, d'après ces expériences, la chaleur totale que posséderait cette fonte grise à sa sortie du cubilot, serait : 292°, dans le voisinage de son état pâteux . . . . 255°, à la fin de son passage par l'état pâteux . . . . . . 225°.

En examinant les chiffres contenus dans le deuxième et le troisième tableau, on doit remarquer combien il a dû être difficile d'obtenir à l'aide d'un seul calorimètre les diverses valeurs de A que l'on y rencontre ; en employant autant de fontes différentes que de valeurs de A à déterminer, il doit être presque impossible de saisir pour chacune de ces fontes

l'instant précis de leur passage graduel d'une température
supérieure à une température inférieure aussi immédiatement
voisine qu'il serait nécessaire pour obtenir des valeurs successives de A aussi rapprochées.

L. Gruner, inspecteur général des mines, s'est aussi livré
à des recherches semblables et a consigné les résultats obtenus dans les *Annales des Mines* (1).

Il a employé pour calorimètre un vase en cuivre rouge
mesurant au delà de 20 litres. Ce vase est à section carrée de 0^m,30 de côté sur 0^m,24 de hauteur. Pour empêcher
les pertes et les gains de chaleur, il a placé ce calorimètre dans
une caisse en bois garnie de flanelle à l'intérieur; dans le
même but, il fit faire un second vase de tôle de cuivre
monté sur 4 pieds de même métal et posé à l'intérieur du
premier de façon à être de toute part entouré d'eau. C'est dans
cette sorte de capsule intérieure que l'on projeta la matière
incandescente fondue ou solide dont on voulut trouver la
chaleur. Le vase intérieur est aussi à section carrée, les côtés
ont 0^m,20 de largeur sur 0^m,06 de haut ; les pieds mesurent
0^m,05 ; le fond est légèrement concave. De cette façon le
corps chaud se refroidit au sein de l'eau sans que la chaleur
puisse se perdre au dehors par les parois. Un agitateur en
cuivre dont le bout d la tige porte pour la manœuvre une
poignée de verre, a été employé pour rendre uniforme la
température de l'eau contenue dans le calorimètre. Pour éviter toute perte appréciable, on s'arrangeait de façon à avoir au
maximum des variations de température de 5 à 6°, il suffisait pour cela, en présence d'une masse d'eau de 18 litres
environ, de ne pas employer au delà de 400 à 500 grammes
de matière incandescente.

Dans les expériences sur le fer, la fonte et l'acier, il se

(1) Chaleur absorbée aux températures élevées, *Annales des Mines*,
t. IV, 1873.

dégage au premier instant un peu d'hydrogène ; c'est une cause d'erreur qui tend à abaisser le nombre de calories ; pour l'amoindrir il prit la précaution de verser le métal fondu en filets minces de façon à le diviser en globules isolés dont le refroidissement est ainsi accéléré. Dans ses expériences, il a d'ailleurs constaté que l'oxyde de fer formé ne s'est jamais élevé à 1 gramme, lorsque l'on opérait sur 300 à 500 grammes de matière fondue. Or 1 gramme de protoxyde contient $\dfrac{8}{8+28} = \dfrac{8}{36}$ gramme d'oxygène, poids qui se trouvait uni au huitième d'hydrogène, soit à $\dfrac{1}{36}$ gramme ; mais le dégagement de cet hydrogène a dû absorber $\dfrac{34^c 462,}{36} = 0,957$ calories, ce qui donne par kilogramme de métal, lorsqu'on opère sur 350 grammes, au plus 3 calories. Ce chiffre est d'ailleurs un maximum puisqu'en général il s'est à peine dégagé quelques bulles d'hydrogène sans vapeur d'eau et que le poids d'oxyde de fer formé s'est toujours trouvé fort en dessous de 1 gramme. En tous cas, on le voit, c'est un motif pour considérer les nombres de calories trouvés comme étant quelque peu en dessous de la réalité.

Le calorimètre vide pesait avec le cuivre de l'agitateur $3^k,873$, soit en eau $0^k,368$, en prenant 0.0975 comme chaleur spécifique du cuivre rouge. L'eau contenue dans le calorimètre jusqu'au repère tracé pesait à 15° C $18^k,417$, soit avec le cuivre compté en eau $18^k,785$. Lorsque la température différait de 15°, on en tenait compte d'après la densité variable de l'eau.

En adoptant le mode de calcul de L. Gruner et désignant par m le poids de l'eau employée dans le calorimètre augmenté de l'équivalent en eau du poids du cuivre formant le calorimètre et l'agitateur, que l'on désigne par θ l'accroissement de température de l'eau, on aura $m\theta$ pour le nombre total

de calories absorbées et si p est le poids du corps chaud, on aura pour le nombre A de calories possédées par l'unité de poids du corps :
$$\frac{m\theta}{p} = A$$

Dans une première expérience, faite à l'usine de l'Horme, on a pris la fonte d'un haut fourneau en allure chaude, dans le haut du creuset, sous la couche de laitier, la fonte était graphiteuse et presque noire. On a eu :

$$p = 0^k,283, \qquad \theta = 4°4, \qquad m = 18,785 \text{ grammes.}$$

il en résulte :
$$A = \frac{m\theta}{p} = 292 \text{ calories.}$$

La même fonte prise au trou de coulée vers le bas de l'avant-creuset a donné :

$$p = 0^k324 \qquad \theta = 4°8 \qquad m = 18,785 \text{ grammes.}$$

d'où
$$A = \frac{m\theta}{p} = 278 \text{ calories.}$$

La même fonte refondue au cubilot, pour la fonderie, a été essayée deux fois. On a eu dans le premier essai

$$p = 0^k,1807 \qquad \theta = 2°6 \qquad m = 18785 \text{ grammes.}$$

d'où
$$A = \frac{m\theta}{p} = 270 \text{ calories.}$$

et dans le second,

$$p = 0^k,348 \qquad \theta = 5°1 \qquad m = 18,785 \text{ grammes.}$$

d'où
$$A = \frac{m\theta}{p} = 275 \text{ calories.}$$

Dans les quatre expériences, la fonte était assez chaude et graphiteuse pour que, même après le brusque refroidissement par l'eau, elle soit restée grise.

A l'usine de Terrenoire, L. Gruner a essayé la fonte grise que l'on fait couler directement du haut fourneau dans la cornue Bessemer. Elle lui a donné :

$$p = 0^k,4528 \qquad \theta = 6.7 \qquad m = 18^k,785$$

d'où
$$A = \frac{m\theta}{p} = 278^c.$$

A Givors, en opérant sur les fontes de deux hauts fourneaux différents, l'un marchant en fonte grise et chaude
pour Bessemer, l'autre en fonte blanche de forge,
la fonte grise lui a donné : A = 280c
la fonte blanche : A = 258c.

La fonte pour Bessemer, de Givors, refondue au four à
gaz à une température peu supérieure au point de fusion
lui a donné,

$$p = 0^k,158 \quad \theta = 2°17 \quad \text{d'où } A = \frac{m\theta}{p} = 258^c.$$

Un échantillon de fonte grise n° 3 de Clay-Lane (Cleveland)
refondue au four à pétrole à marche peu chaude a fourni,

$$p = 0,2751 \quad \theta = 3°9 \quad \text{d'où } A = \frac{m\theta}{p} = 260^c.$$

Une fonte blanche de forge, du Châtelet, près Charleroy,
a donné dans le four à pétrole marchant bien,

$$p = 0,1615 \quad \theta = 2°4 \quad \text{d'où } A = \frac{m\theta}{p} = 273^c.$$

La fonte miroitante d'Eisenerz, en Styrie, a été fondue
au four à gaz. Elle devint fluide comme de l'eau ; sensiblement chauffée au-dessus de son point de fusion elle donna,

$$p = 0,417 \quad \theta = 5°89 \quad \text{d'où } A = \frac{m\theta}{p} = 265^c.$$

Voici ensuite les expériences qu'il fit en vue de détermi-
mer les chaleurs latentes des fontes grises.

Le nombre de calories possédées par les fontes sur le
point de se figer a été :

Fonte grise du Cleveland

$$p = 0,245 \quad \theta = 3°15 \quad \text{d'où } \frac{m\theta}{p} = 241^c,5.$$

Fonte truitée grise

$$p = 0,280 \quad \theta = 3°75 \quad \text{d'où } \frac{m\theta}{p} = 245^c,7$$

Fonte grise d'Auclain (Cleveland)

$$p = 0,183 \qquad \theta = 2° 40 \qquad \text{d'où} \quad \frac{m\theta}{p} = 246^c,3$$

Moyenne des trois fontes $\overline{244^c,5}$

Le nombre de calories retenues par les fontes grises immédiatement après leur solidification a été

Fonte grise d'Auclain (Cleveland)

$$p = 0,196 \qquad \theta = 2° 31 \qquad \text{d'où} \quad \frac{m\theta}{p} = 221^c,4$$

Fonte grise très tenace, au bois

$$p = 0,1467 \qquad \theta = 1° 75 \qquad \text{d'où} \quad \frac{m\theta}{p} = 222$$

Moyenne $\overline{221^c,7}$

Par suite, la chaleur latente des fontes grises serait égale à $244^c,5 - 221^c,7 =$ soit $22^c,8$.

Le nombre de calories retenues par les fontes blanches sur le point de se figer a été :

Fonte blanche miroitante d'Eisenerz (Styrie)

$$p = 0,365 \qquad \theta = 4° 46 \qquad \text{d'où} \quad \frac{m\theta}{p} = 228^c$$

Fonte blanche de Longwy, au coke, légèrement phosphoreuse

$$p = 0,156 \qquad 818 = \theta° \text{d'où} \quad \frac{m\theta}{p} = 226^c$$

Même fonte blanche de Longwy, refondue une seconde fois, et probablement un peu affinée

$$p = 0,120 \qquad \theta = 1° 50 \qquad \text{d'où} \quad \frac{m\theta}{p} = 235^c$$

Moyenne $\overline{229^c,7}$

Le nombre de calories retenues par les fontes blanches immédiatement après leur solidification a été trouvé :

Fonte blanche miroitante d'Eisenerz :

$$p = 0,132 \qquad \theta = 1° 35 \qquad \text{d'où} \quad \frac{m\theta}{p} = 192^c 1.$$

Même fonte blanche d'Eisenerz :

$$p = 0,099 \qquad \theta = 1°02 \qquad \text{d'où } \frac{m\theta}{p} = 192^c.$$

Fonte blanche du Châtelet (Charleroy), moins pure repassant moins brusquement à l'état solide que la précédente :

$$p = 0,1685 \qquad \theta = 1°82 \qquad \text{d'où } \frac{m\theta}{p} = 203^c.$$

Moyenne $\overline{195^c,7}$

Ce qui donnerait pour chaleur latente des fontes blanches $229^c,7 - 195^c,7 = 34$ calories.

Dans ses expériences relatives à la chaleur de fusion des aciers, L. Grüner a trouvé pour l'acier Bessemer et l'acier Martin, de Terrenoire, pris sortant des appareils de fabrication, lors de la coulée ordinaire :

Acier Bessemer $p = 0,2438$ $\theta = 4°$ d'où $\frac{m\theta}{p} = 308^c.$

Acier Martin $p = 0,5607$ $\theta = 8°6$ d'où $\frac{m\theta}{p} = 288^c.$

De l'acier Heaton, produit à Langley-Mill avec de la fonte de Longwy, fondu au four à pétrole a donné :

$$p = 0,305 \quad \theta = 4°85 \text{ d'où } \frac{m\theta}{p} = 299^c.$$

Cet acier contenait 0.0035 de carbone et 0.0025 de phosphore.

En résumé, d'après ces expériences la chaleur totale que posséderait la fonte grise en sortant des appareils de fusion serait comprise entre 292^c et 270 calories.

Sur le point de se figer, le nombre de calories possédé par ces fontes grises serait moyennement $244^c,5$, et immédiatement après leur solidification ces fontes grises retiendraient encore en moyenne $221^c,7$, tandis que les fontes blanches sortiraient des appareils de fusion avec une quantité de chaleur comprise entre 265 et 273 calories.

Ces fontes blanches sur le point de se figer posséderaient

en moyenne 229°,7 et immédiatement après leur solidification, elles retiendraient encore moyennement 195°,7.

Quant à l'acier doux, la quantité de chaleur qu'il posséderait au sortir des appareils de fusion serait comprise entre 308 et 288 calories.

On a dû remarquer que L. Grüner n'a pas, dans son calcul des quantités de chaleur possédées par les fontes et les aciers, tenu compte comme MM. Résal et Minary, de la chaleur encore retenue par ces métaux après leur refroidissement dans le calorimètre; c'est-à-dire de la quantité de chaleur totale à partir de 0° contenue dans ces métaux, laquelle correspond au terme 0.13T dans la valeur de

$$A = 0{,}13T + (T - T_o)\left(\frac{Q + 1{,}817}{q}\right);$$

comme d'ailleurs M. Grüner n'a donné ni T, ni T°, nous n'avons pu rétablir cette omission; toutefois, il est probable que T ne devait pas beaucoup s'écarter de 20°, de sorte que 0,13T serait égal à 2°,6. Ce serait donc d'environ 2°,6 que devraient être augmentées la plupart des quantités de chaleur trouvées par L. Grüner.

Pour une fabrication de cornues à gaz de houille et d'huile, de caisses à recuire, etc., ayant eu à rechercher un mélange de fontes le plus réfractaire possible, mais capable cependant d'être liquéfié au cubilot et de prendre assez de fluidité pour donner des pièces saines, ne pouvant m'appuyer sur les expériences citées précédemment parce qu'elles étaient trop incomplètes au point de vue spécial des recherches que j'avais à faire, je dus entreprendre une série d'expériences analogues à celles citées précédemment; mais portant sur des natures de fontes plus différentes entre elles.

Les fontes grises graphiteuses (n°s 1 et 2) que j'avais employées d'abord pour les cornues à gaz et les fontes grises manganésées (n°s 1 et 3) que j'avais essayées ensuite, pour même emploi, m'avaient donné de trop mauvais résultats par leur faible durée, amenée par une déformation excessive et rapide, pour que je n'aie été conduit à admettre que les fontes grises et même les fontes grises manganésées sont loin de posséder le degré de résistance à l'action d'une température élevée que sembleraient promettre les 1200 et 1250° que Pouillet a trouvés pour leur température de fusion.

C'est qu'en effet, si ces fontes grises ne deviennent franchement liquides qu'à une température très élevée, elles commencent à se ramollir à une température beaucoup inférieure; et dès qu'elles parviennent à leur point de ramollissement, leur résistance au feu devient nulle.

Du reste, la température de fusion des fontes doit dépendre bien plus de leur degré de pureté, qui les rapproche plus ou moins du fer chimiquement pur, que de ce qu'elles sont blanches ou grises (1); et, en effet, une même fonte

---

(1) Comme on le sait, les fontes sont un alliage de fer, carbone et silicium. Chacun de ces corps étant indispensable, mais pouvant s'y rencontrer en proportions excessivement variables, examinons successivement le rôle du carbone et du silicium.

1° Influence du carbone. — A la dose de quelques millièmes et sans quantité notable de corps étrangers, il transforme le fer en acier.

Si le carbure de fer est chimiquement pur, la plus faible dose de silicium en fera de la fonte. Si, au contraire, le carbure de fer est souillé de corps étrangers, soufre, arsenic, etc., la proportion de carbone et de silicium nécessaire pour la transformation du fer en fonte deviendra plus considérable; c'est ainsi que, pour la même nuance de fonte, la teneur en carbone et silicium sera toujours plus forte dans les fontes au coke et celles obtenues de minerais impurs que dans celles au bois et celles obtenues de bons minerais.

Malgré quelques anomalies déterminées par la présence de corps étrangers, on peut poser la loi suivante : Les fontes blanches contiennent moins de carbone total que les fontes grises; mais plus de carbone combiné. L'ordre est le suivant :

1 à 2 pour 100 de carbone total dans les fontes froides caverneuses;
2 à 3 1/2   —   —   blanches fibreuses ou grenues;
2 1/2 à 4   —   —   grises n° 4 et n° 3;
3 à 6   —   —   noires n° 2 et n° 1.

Le spiegeleisen, ou fonte blanche lamelleuse spéculaire, contient de 4 à 6 0/0 de carbone, autant que les fontes n°° 1 et 2; mais cette fonte étant un alliage de manganèse, qui doit à la présence de ce métal et à sa forte

2

peut être blanche ou grise suivant qu'après sa fusion elle a

affinité pour le carbone des propriétés spéciales, ne peut entrer en parallèle avec les autres fontes.

La fonte, lors de sa formation, dissout d'autant plus de carbone que sa température est plus élevée; elle abandonne en se solidifiant l'excès qui la sursature. Cet excès se sépare sous forme de graphite ou paillettes de carbone mécaniquement intercalées entre les molécules de fonte. La capacité de saturation de la fonte est fort variable suivant sa pureté; les plus pures retiennent plus de carbone combiné. Ainsi une fonte tenant 3 0/0 de carbone, le conservera entièrement à l'état de combinaison et sera blanche si elle est pure, tandis qu'elle le laissera se séparer et sera grise, si elle est très chargée de silicium.

La vitesse de refroidissement a la même influence sur l'acier et sur la fonte : l'acier trempé est, comme la fonte blanche, une combinaison; et l'acier recuit, comme la fonte grise, est un mélange de carbone et de fer. La tendance de ces deux corps à se séparer en passant à l'état solide montre qu'ils n'ont presque aucune affinité l'un pour l'autre à basse température et qu'ils ne restent combinés que par l'impossibilité de se séparer une fois solidifiés.

Le phénomène du recuit montre aussi qu'en espaçant les molécules par la chaleur, on leur permet de rompre l'équilibre instable où elles se trouvaient, et de se dissocier comme tous corps sans affinité.

L'acier trempé et la fonte blanche ont des propriétés physiques très distinctes de celles des corps composants : densité, dureté, sonorité.

L'acier recuit et la fonte grise ont les propriétés physiques d'un mélange très intime de fer et de carbone.

Si la fonte, soumise à une température très élevée lors de sa formation, a dissous une très grande quantité de carbone, elle ne peut le retenir en entier lors de son refroidissement, et même encore liquide, l'abandonne sous forme de paillettes plus ou moins volumineuses de graphite ferrugineux. La quantité de fer métallique unie au graphite est très variable; elle va jusqu'à 10 0/0. Le graphite contient aussi du silicium.

Les fontes contenant 2 à 3 0/0 de carbone total sont indifféremment blanches ou grises, même avec une vitesse égale de refroidissement, et coulées en masses de même volume. Cela dépend de l'affinité de leur fer pour le carbone, affinité variable suivant la teneur en corps étrangers et la nature de ces corps.

Ainsi, il est des corps dont la présence dans la fonte est un obstacle à la carburation, le soufre, par exemple; soit en diminuant l'affinité du fer pour le carbone, soit en entraînant ce dernier à l'état de combinaison volatile, soit en l'éliminant par substitution.

Réciproquement, la présence de certains corps, le manganèse, par exemple, augmente la solubilité du carbone dans la fonte.

Le silicium, contrairement au soufre, diminue seulement la dose de carbone combiné : il ne l'élimine qu'au moment de la solidification.

Aussi les fontes très siliceuses blanchissent-elles très difficilement, à moins d'être très pauvres en carbone, et l'on verra toujours les fontes pauvres en carbone combiné être très siliceuses.

Les analyses suivantes des fontes d'Esch (Luxembourg), s'appliquant éga-

été refroidie plus ou moins vivement, ou coulée sous une

lement avec de très faibles variantes aux fontes de la Moselle, expliquent bien l'influence des proportions relatives du silicium et du soufre sur le mode de carburation de ces fontes, c'est-à-dire sur leur nature blanche ou grise.

	FONTE NOIRE à gros grains No 1	FONTE NOIRE à grains gros et fins No 2	FONTE GRISE No 3	FONTE TRUITÉE No 4	FONTE BLANCHE lamelleuse	FONTE BLANCHE grenue
Carbone graphitique . .	2,90	2,689	2,38	1,672		
Carbone combiné . . .	0,342	0,390	0,436	1,202	2,025	2,595
Carbone total	3,332	3,079	3,016	2,874		
Silicium	2,524	2,195	1,634	0,740	0,522	0,448
Soufre.	traces	traces	0,004	0,187	0,318	0,486
Phosphore	1,800	1,709	1,830	1,750	1,772	1,723
Manganèse	0,487	0,382	0,291	0,178	0,106	traces
Fer , ...	91,850	92,665	93,051	94,271	94,359	04.778

2° Influence du silicium. — Quoique en proportion très variable dans les fontes, même dans celles de même nuance, le silicium y est généralement plus abondant quand elles sont très grises. Cela s'explique parce que la silice se réduit d'autant plus dans son contact avec le carbure de fer que, dans le haut fourneau, la température de l'ouvrage est plus élevée, et, pour une même teneur en carbone total, une fonte contiendra plus de carbone libre lorsqu'elle sera plus siliceuse.

La réduction du silicium exigeant une température élevée, ce n'est que dans l'ouvrage qu'il pourra prendre naissance, et la fonte en contiendra d'autant plus que la température aura été plus élevée dans cette zone. C'est pour cela que les fontes sont beaucoup plus chargées de silicium quand elles sont fabriquées à l'air chaud et avec des laitiers peu fusibles.

Les fontes seront encore d'autant plus chargées de silicium que les minerais siliceux domineront dans le lit de fusion, surtout si la silice y est intimement mélangée à l'oxyde de fer, dans le minerai.

Tandis que la teneur des fontes en carbone varie de 1 à 6 0/0, celle en silicium varie de 0.20 à 10 0/0. Certaines fontes contiennent donc 50 fois plus de silicium que d'autres ; on peut donc concevoir quelle diversité de propriétés peut présenter cette série de composés, indépendamment de la variabilité dans la teneur en carbone et en corps étrangers.

Les fontes chargées de silicium sont très fusibles, très fluides, peu résistantes mais très molles ; ainsi M. Janoyer, ingénieur-directeur des hauts fourneaux de Vierzon, qui s'est beaucoup occupé des fontes siliceuses, citant un cas de production d'une fonte qui à l'analyse donnait de 7 à 9 0/0 de silicium, dit en parlant de cette fonte : « Elle était encore chaude, très fluide et apte au moulage de poteries très minces ; le moindre choc les brisait et la cassure était brillante, sans grains, unie comme la porcelaine ; il

faible ou une forte épaisseur (1), et pour une même teneur en carbone, des fontes différentes seront blanches :

Si elles sont très pures d'éléments étrangers autres que le carbone,

Si elles sont très sulfureuses (2),

Si elles sont très manganésées (3);

---

n'y avait pas tracé de graphite. Une de ses propriétés les plus remarquables était sa mollesse, elle se laissait entamer au couteau. Comme fonte de moulage, c'était un produit détestable.

(1) La manière d'être du carbone dans le fer après fusion complète est pour une même fonte, aussi déterminée par les circonstances de sa solidification et par la température à laquelle la fusion est effectuée. La solidification rapide favorise la faculté de retenir du carbone à l'état combiné, et par ce moyen il est possible de convertir la fonte grise peu siliceuse en fonte parfaitement blanche. Ainsi en versant de la fonte grise liquide dans un moule en métal froid, ou coulant cette fonte en épaisseur très mince dans un moule en sable un peu humide, de manière à causer un prompt refroidissement, la surface extérieure de la fonte solidifiée, à l'endroit où elle est en contact direct avec le moule, passe à l'état de fonte blanche, tandis que l'intérieur demeure à l'état de fonte grise, si l'épaisseur est suffisante. On opère en grand, d'après ce principe, pour les moulages en coquille. On durcit ainsi les surfaces, la fonte blanche étant beaucoup plus dure que la fonte grise. Toutes les fontes grises ne se convertissent pas en fonte blanche, elles sont d'autant plus rebelles à cette conversion qu'elles contiennent plus de silicium.

(2) Le soufre se dissout dans la fonte en proportion illimitée, jusqu'à la faire passer à l'état de sulfure de fer. Son action est toujours nuisible à la qualité des fontes. A faible dose, le soufre augmente la fluidité des fontes; mais il diminue sa capacité calorifique, la fait figer promptement et retasser, lui donne un grain terne et cendré, la rend caverneuse et fragile. Il est peu de minerais et de combustibles minéraux qui ne contiennent du soufre à l'état de pyrites ou de sulfates et la seule méthode employée pour débarrasser la fonte du soufre qui l'accompagne dans les minerais et de celui plus abondant encore que contiennent les combustibles minéraux, est la fusion en présence de laitiers basiques. Un laitier très calcaire peut être considéré comme ayant une partie de sa chaux à l'état libre et jouissant de toutes ses affinités. A cet état, elle a pour le soufre une affinité d'autant plus grande que la température est plus élevée.

Sans être complètement incompatible avec le carbone, le soufre diminue l'affinité du fer pour ce métalloïde, une fonte très sulfureuse n'est jamais riche en carbone et réciproquement, une fonte graphiteuse n'est jamais très sulfureuse. D'après les expériences de M. Caron, le manganèse métallique, par simple fusion avec la fonte, la prive en grande partie du soufre qu'elle contient.

(3) Le manganèse donne de la fluidité aux fontes. Il se caractérise surtout

Ou seront grises :

Si leur teneur en silicium est élevée.

Donc au point de vue spécial des chaleurs de fusion, la distinction des fontes en fontes grises ou blanches ne peut conduire qu'à des contradictions.

Précédemment, j'ai avancé que les fontes grises et grises manganésées commencent à se ramollir bien avant d'arriver à leur température de fusion, pour être plus dans la vérité, j'aurais dû dire : les *fontes chargées de silicium* qui, généralement, sont d'autant plus grises, pour une même teneur en carbone, qu'elles contiennent plus de silicium.

Plus les fontes sont pures et se rapprochent du fer, moins a de durée le passage de ces fontes par l'état pâteux servant de transition entre l'état solide et l'état liquide et plus, par conséquent, sont voisines les températures de ramollissement et de fusion.

Ainsi, en partant de l'état liquide, la moyenne de plusieurs essais de refroidissement de fontes grises et siliceuses (renfermant en moyenne 3,4 0/0 carbone total et 2,5 de silicium) m'a donné :

210 secondes pour le temps écoulé entre la sortie de cette fonte du cubilot et son arrivée à l'état pâteux, et

---

par sa propriété de dissoudre le graphite et d'augmenter la quantité de carbone combiné dans les fontes qui en contiennent, aussi leur faculté de trempe en devient-elle exaltée. Cependant à la teneur de 1/2 à 1 0/0, le manganèse agit très peu comme dissolvant du carbone graphiteux dans les fontes grises qui, avec 3,50 à 4,0/0 de carbone total contiennent toujours 1 à 1,50 de silicium. Les effets de ces deux corps s'atténuent, sans doute parce qu'ils sont combinés ensemble et forment un alliage particulier dissout dans la fonte. On a des exemples de fontes renfermant 6.50 de silicium avec 7 de manganèse et 3,25 0/0 de carbone, qui coulée en coquille trempent très peu sur les bords.

Quand de la fonte blanche très manganésée (spiegeleisen) est chauffée avec de la silice (les appareils de fusion en renferment toujours) et portée à température très élevée, le manganèse se convertit en grande partie en protoxyde qui se combine avec la silice pour former de la scorie et presque tout le carbone séparé sous forme de graphite est remplacé par le silicium.

313 secondes pour temps écoulé entre son passage de l'état
pâteux à l'état solide et consistant;

tandis qu'une fonte blanche (de Suède) employée pour production de fontes malléables (et, ne contenant que 2,80 de
carbone total et 0,45 de silicium, en moyenne) ne met, depuis
sa sortie du four à creusets que

165 secondes pour commencer à figer, et environ

78 secondes pour traverser cet état pâteux et parvenir à
l'état solide. (Ces expériences ont été faites sur des poids de
fonte liquide d'environ 5 kilog.). Et pourtant, à sa sortie du
four à creusets, cette fonte blanche possède une température
plus élevée que celle de la fonte siliceuse précédente sortant
du cubilot ; de plus, cette dernière étant dans une poche en
tôle (garnie de terre réfractaire) devrait se refroidir plus rapidement que la fonte blanche qui est restée dans un creuset
de graphite, moins conducteur de la chaleur qu'une poche
métallique. Il faut donc que les températures d'empâtement,
d'abord, et de solidification, ensuite, soient bien plus élevées
pour cette fonte blanche et pure que pour la fonte grise siliceuse mentionnée ci-dessus.

Dans les aciers fondus, le passage de l'état liquide à l'état
pâteux et surtout à l'état solide a lieu plus rapidement
encore que dans cette fonte blanche (de Suède) pour fontes
malléables.

La mesure du temps que les diverses fontes emploient pour
passer de l'état liquide à l'état solide est un moyen grossier
de comparaison des fontes entre elles, et ne conduirait à aucune
exactitude si on voulait l'employer à déterminer le point de
solidification de ces diverses fontes, à moins de parvenir à
les amener à une même température maximum à partir de
laquelle les temps seraient comptés; que de plus, on n'opère
que sur une même quantité de fonte et que leur refroidissement ne s'effectue que dans des conditions absolument identiques, — conditions difficilement réalisables; — aussi est-il

plus pratiqué de recourir aux calorimètres, pour cette recherche comparative, quoique encore les calorimètres employés pour mesurer la quantité de chaleur possédée par des métaux à température aussi élevée soient loin de donner des chiffres d'une rigueur absolue par suite de la production d'hydrogène et de vapeur d'eau qui se forment lorsque l'on projette du métal à température si élevée dans l'eau de ces calorimètres.

La décomposition de l'eau par le métal a lieu pendant tout le temps que le métal emploie pour perdre la température correspondant au rouge; pour diminuer la durée de cette décomposition et amoindrir la perte de chaleur qui en résulte, il faut donc n'employer qu'un poids de métal assez faible et prendre la précaution de ne le verser dans le calorimètre qu'en un filet mince de façon à le diviser en globules isolés, dont le refroidissement est ainsi accéléré.

Ensuite, quand la décomposition de l'eau a cessé de se produire, il se forme de la vapeur jusqu'à ce que la température du métal arrive en dessous de 100°, d'où nouvelle cause de perte de chaleur correspondant à 0°,637 par gramme d'eau se dégageant à l'état de vapeur. Ici encore, on peut atténuer cette perte en n'employant qu'un poids de métal assez faible et surtout en donnant au calorimètre une assez grande hauteur pour que la colonne d'eau qu'il contient puisse condenser la vapeur formée à sa partie inférieure. Enfin, l'écueil des mesures calorimétriques, en général, provient de la difficulté d'obtenir dans toute la masse d'eau une température absolument uniforme, après que l'eau et le corps chaud qui y a été plongé sont arrivés en équilibre de température. La plupart du temps, des différences assez sensibles se manifestent à la surface et à la partie inférieure de la masse d'eau.

Ainsi, ayant d'abord construit un calorimètre formé d'un vase cylindrique en fonte mince, de 285^{m}/^{m} diamètre et 200^{m}/^{m} hauteur et contenant un second vase ou capsule, aussi en fonte, de 200^{m}/^{m} diamètre et 60^{m}/^{m} hauteur avec

pieds de 50ᵐ/ᵐ, cette capsule devant recevoir le métal à refroidir ; puis ayant complété cet appareil en le disposant dans
une caisse carrée,
en bois, avec bour-
rage de laine à l'in-
térieur, comme le
montre le croquis,
(fig. 1) après quel-
ques expériences
préliminaires, je
reconnus que ce
bourrage de laine
était plus nuisible

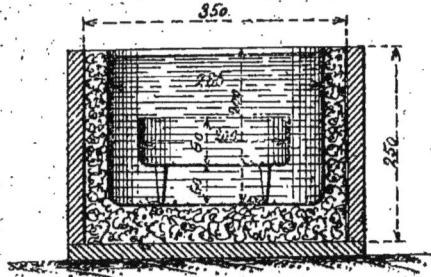

Fig. 1

qu'utile, parce que dans les diverses manipulations de l'eau
du calorimètre, on ne pouvait empêcher qu'une partie de cette
eau ne tombât sur
la laine, à l'exté-
rieur du vase calo-
rimétrique, ce qui
m'obligea à sup-
primer cette caisse
en bois pour faire
reposer simplement
le vase calorimé-
trique sur une plan-
che par trois pieds
de 50ᵐ/ᵐ dont je

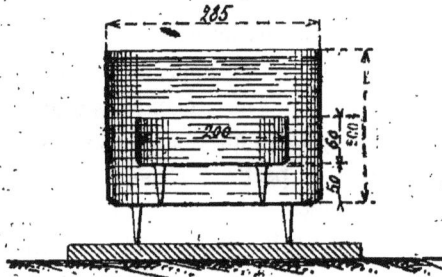

Fig. 2

munissais ce vase *(fig. 2)*.

Ainsi disposé et avec de l'eau à la température de 27°, ce
calorimètre ne perdit que 0°7 après 20 minutes d'exposition
dans l'air à 18°, ce qui est tout à fait négligeable si les
mesures calorimétriques ne demandent pas plus d'une
minute pour être faites.

Dans ces expériences préliminaires, on prit à l'aide d'une

poche de fonderie de la fonte très chaude à un cubilot et cette fonte fut versée dans le calorimètre a 28 secondes après sa sortie de l'appareil de fusion, dans un second calorimètre b en tout semblable au calorimètre a, on versa après 2 minutes 25 secondes de la fonte provenant de la même poche au moment où cette fonte commençait à se figer. Précédemment, avec de la fonte provenant encore de la même poche, on remplit une petite lingotière en sable et l'on retira de cette lingotière la fonte, dès qu'elle se fut solidifiée, pour la jeter dans un troisième calorimètre c identique aux deux précédents a et b (1).

Le calorimètre en fonte a pesait 7^k,907 et à 0,13 de chaleur spécifique de la fonte, était l'équivalent de 1^k,028 d'eau.

Le calorimètre b pesait 8^k,124 équivalent de 1^k,056 d'eau
    — c — 8^k,034   —   1^k,044 —

Dans chacun de ces calorimètres avait été versé un volume d'eau pesant 11^k,384, mesuré à l'aide d'un bidon à col très étroit.

Les poids d'eau pouvaient donc être représentés par
Calorimètre a $1,028 + 11,384 = 12^k,412$
    — b $1,056 + 11,384 = 12^k,440$
    — c $1,044 + 11,384 = 12^k,428$

et les températures initiales de l'eau étaient :
Dans le calorimètre a 18°6
    — b 18°6
    — c 18°8

avant que la fonte n'y fut versée. Après versement de la fonte, l'eau agitée à l'aide du thermomètre, tenu à la main, accusait :

(1) En employant des fontes tirées du cubilot à des moments différents, il n'eût pas été possible de compter sur l'identité absolue de ces fontes. C'est pour cette raison que j'ai préféré employer trois calorimètres semblables, afin de les pouvoir appliquer chacun à la recherche de la quantité de chaleur contenue dans une seule et même fonte à trois états physiques différents.

Dans le calorimètre a de 26 $\frac{1}{2}$ à 28°

       — b de 25   à 29°

       — c de 26   à 27°8,

suivant que la température était prise à la surface ou au fond, et il ne fallut pas moins de 8 à 10 minutes d'agitation pour que les températures dans un même calorimètre, au fond et à la surface devinssent égales à :

Dans le calorimètre a 28°1

       — b 29°

       — c 26°8.

Les poids de fonte versée furent :

Dans le calorimètre a 0^k,430

       — b 0^k,537

       — c 0^k,487.

A l'aide de ces éléments et en employant la formule

$$C = 0,13t + (t - t_0)\ \frac{Q}{q}$$

analogue à celle de MM. Résal et Minary et dans laquelle C représente la quantité de chaleur contenue dans la fonte versée :

C_l à l'état liquide

C_p à l'origine de l'état pâteux

C_s à   —   solide.

t_0, est la température initiale de l'eau des calorimètres;

t, est la température finale;

Q, le poids d'eau employée augmenté de l'équivalent en eau du poids des calorimètres;

q, le poids de la fonte versée.

Nous pourrons former le tableau suivant :

Expérience n° 1.

t_0	t	$t - t_0$	Q	q	C
18,6	28,1	9°5	$a = 12,412$	$a = 0,430$	$l = 277,81$
18,6	29	10°4	$b = 12,410$	$b = 0,537$	$p = 244,66$
18,8	26,8	8°	$c = 12,428$	$c = 0,487$	$s = 207,68$

On conçoit que des expériences de ce genre, demandant une aussi longue durée, sont loin de présenter toute la précision désirable, puisque pendant l'agitation du liquide une perte assez variable de chaleur par évaporation et par rayonnement a dû s'effectuer, et comme, en définitive, on se trouve en présence d'écarts $(t - t_0)$ assez faibles, 10° 4 au maximum, sur lesquels une erreur de quelque dixième de degré seulement dans la lecture ou dans la mesure de t et de t_0 peut correspondre à 16° ou 20° d'écart pour la valeur de C, on comprendra que l'on ne puisse admettre un calorimètre aussi défectueux, d'autant plus que trop d'autres causes subsistent encore. Ces causes d'erreurs, inévitables, proviennent de ce que les fontes et les aciers plus ou moins carburés ne passent pas instantanément de l'état liquide à l'état solide, leur solidification n'est que graduelle, très lente dans les fontes graphiteuses, parce qu'elle ne s'opère qu'à mesure que le carbone dissout est expulsé sous forme de graphite par le fait du refroidissement, plus rapide dans les fontes pures, mais ne s'opérant pour les unes et les autres que par transition dans la diminution de fluidité, il est excessivement difficile de saisir le moment précis où le métal est d'une part complètement fluide, mais commence à figer, et, d'autre part, où les dernières particules fluides viennent de prendre assez de consistance pour être considérées comme solidifiées.

Ce n'est qu'en répétant sur une même fonte ces expériences un assez grand nombre de fois que l'on peut parvenir à une moyenne resserrant de plus en plus les erreurs d'appréciation et pouvant présenter quelque garantie d'exactitude (1).

(1) Il est excessivement probable que la nature chimique des dernières portions de fonte solidifiées diffère quelque peu de celle des particules de la fonte qui s'est solidifiée en premier lieu ; que cela provient d'effets de liquation et de dissociation produits sous l'influence d'une très haute température, lesquels ont pu s'exercer sur les métaux et métalloïdes étrangers au fer pendant son état liquide, mais que ces effets se perdent à mesure du

De ce que les fontes pures ou non emploient un temps assez long pour traverser l'état pâteux ou mou servant de transition entre leur état fluide et leur état solide, il en résulte que si l'on voulait obtenir leur chaleur latente de fusion en retranchant simplement de la quantité de chaleur qu'elles possèdent lorsqu'elles sont sur le point de figer la quantité de chaleur qu'elles renferment au moment précis de leur solidification totale, on n'obtiendrait qu'un chiffre beaucoup trop élevé puisque ce chiffre comprendrait en sus de la chaleur latente de fusion tout le calorique qui a été perdu pendant la durée de son état pâteux à divers degrés. Ce n'est donc pas ce que l'on entend par chaleur latente proprement dite et il n'y a pas à s'en occuper, cette expression de chaleur latente devant être réservée pour les corps dont le passage de l'état solide à l'état liquide est en quelque sorte instantané.

Pour arriver à un calorimètre permettant d'obtenir très rapidement une température uniforme de l'eau qu'il renferme, ce qui est indispensable à ces recherches, je fis établir en *(fig. 3)* tôle mince un cylindre de 0^m,135 de diamètre et 0^m,520 de hauteur, à l'intérieur duquel fut disposée une capsule, également en tôle, montée sur pieds de 50$^m/^m$ de hauteur destinée à recevoir le métal à refroidir au sein du liquide. Ce cylindre fut muni d'un couvercle à fermeture bien étanche, de telle façon que la capacité cylindrique ainsi obtenue pût être retournée sens dessus dessous sans aucune déperdition d'eau.

Pour les expériences, ce cylindre repose par son fond sur

refroidissement. C'est ce qui expliquerait les différences de densité que l'on rencontre dans une même masselotte de fonte suivant que cette densité est cherchée sur du métal superficiel ou intérieur. Cela expliquerait également les différences rencontrées dans les analyses chimiques d'une même fonte suivant que les prises d'essai sont faites sur des parties plus ou moins éloignées, ce qui oblige, pour obtenir des teneurs moyennes quelque peu concordantes, à effectuer de nombreuses prises d'essai sur différents points de la fonte à analyser et à mélanger ensuite ces prises d'essai pour en déduire la composition moyenne de la fonte analysée.

un toron de paille et il est ouvert jusqu'à ce que la fonte dont
il s'agit de mesurer la chaleur ait été projetée dans la capsule, on ferme alors vive-
ment l'appareil à l'aide de
son couvercle, puis on
renverse et relève le tout
plusieurs fois, il en résulte
un mélange rapide et com-
plet du liquide et une
température parfaitement
uniforme de l'eau du calorimètre s'obtient en moins
de dix secondes. Il suffit
d'enlever alorsle couvercle
pour mesurer la tempéra-
ture de l'eau.

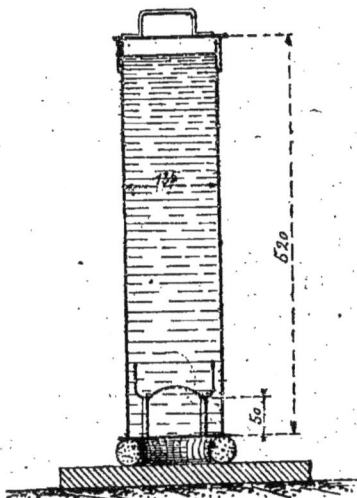

Fig. 3

Au lieu de $11^k,384$ d'eau
que contenait le calori-
mètre précédent, celui-ci
n'en renferme plus que $6^k,460$, ce que je considère comme
avantageux parce que la température finale de l'eau devient
plus élevée, pour un même poids de fonte employé, et par
suite aussi l'écart $(t - t_o)$ entre la température initiale et
la température finale de l'eau, de sorte qu'une erreur de
0,1 de degré dans la lecture des températures sur le thermomètre (erreur assez possible quand cette lecture se fait
sans cathéthomètre), sans devenir négligeable, a d'autant
moins d'importance que $(t - t_o)$ est plus grand.

La plus grande hauteur d'eau $(0^m,46$ environ) dans le calorimètre réduisit et même annula à peu près complètement le
dégagement de vapeur; nul doute qu'il n'y eût de même
réduction de l'hydrogène dégagé; cependant il s'en forma
encore; et à la faveur d'une surface de dégagement plus
réduite, presque à chaque expérience on vit cet hydrogène

s'enflammer au contact de la fonte liquide pendant son versement dans le calorimètre, de sorte que les résultats trouvés doivent être considérés comme des minima, surtout dans les essais relatifs à la fonte liquide et très chaude.

Deux autres calorimètres en tôle, identiques à celui qui vient d'être décrit furent également établis pour permettre de mesurer la chaleur contenue par une même fonte :

1° Quand elle sort de l'appareil de fusion,

2° Aussitôt qu'elle est sur le point de figer,

3° Immédiatement après qu'elle est parvenue à l'état solide et consistant.

Le poids respectif de chacun de ces trois calorimètres était :

Calorimètre $a = 3^k,200$ équivalent à $3,2 \times 0,11 = 0^k,352$ d'eau

$\qquad$ — $\qquad b = 3^k,260 \qquad$ — $\qquad 3,26 \times 0,11 = 0^k,358$ —

$\qquad$ — $\qquad c = 3^k,220 \qquad$ — $\qquad 3,22 \times 0,11 = 0^k,354$ —

En adoptant 0,11 pour chaleur spécifique de la tôle.

Chacun de ces calorimètres fut rempli d'un même volume d'eau pesant $6^k,460$; de sorte que le poids réfrigérant de chacun d'eux peut être représenté par

Calorimètre $a = 0,352 + 6,460 = 6^k,812$ d'eau

$\qquad$ — $\qquad b = 0,358 + 6,460 = 6^k,818$ —

$\qquad$ — $\qquad c = 0,354 + 6,460 = 6^k,814$ —

Les expériences furent commencées sur de la fonte n° 1, noire, graphiteuse et manganésifère, provenant d'un mélange d'hématites brunes et rouges du Nassau et présentant la composition moyenne suivante :

$\qquad$ Carbone graphitique $\quad$ 3,4 $\quad$ 0/0

$\qquad\qquad$ — $\quad$ combiné $\qquad$ 0,3 $\quad$ —

$\qquad$ Silicium. . . . . . $\quad$ 2,25 $\quad$ —

$\qquad$ Manganèse. . . . . $\quad$ 2,54 $\quad$ —

$\qquad$ Phosphore. . . . . $\quad$ 0,4 $\quad$ —

$\qquad$ Soufre . . . . . . $\quad$ 0,028 $\quad$ —

Fondue aux fours à creusets et dans des creusets de graphite, cette fonte a donné les résultats suivants :

Expérience n° 2.

t_0	t	$t - t_0$	Q	q	C
19°7	40°1	20°4	$a = 6^k,812$	$a = 0^k,545$	pâteuse 260°,18
17°9	39°,2	21°3	$b = 6^k,818$	$b = 0^k,445$	liquide 331°,44
17°6	93°2	15°6	$c = 6^k,814$	$c = 0^k,445$	solidifiée 243°,17

De la fonte n° 3 provenant des mêmes minerais que la précédente, mais moins graphiteuse et présentant la composition suivante :

Carbone graphitique   3   · 0/0
—   combiné. .   0,5   —
Silicium.   2,15   —
Manganèse.   2,5   —
Phosphore.   0,36   —
Soufre   0,12   —

après sa fusion au four à creusets a donné :

Expérience n° 3.

t_0	t	$t - t_0$	Q	q	C
21°3	40°9	19°6	$a = 6^k,812$	$a = 0^k,531$	pâteuse 256°,74
20°2	37°1	16°9	$b = 6^k,818$	$b = 0^k,472$	solidifiée 241°,8
19°5	43°6	24°1	$c = 6^k,814$	$c = 0^k,573$	liquide 328°

De l'acier demi-doux, à 0.6 0/0 de carbone, fondu au creuset et provenant d'un mélange de fer et de fonte manganésée, a donné :

Expérience n° 4.

t_0	t	$t - t_0$	Q	q	C
20°6	34°3	13°7	$a = 6^k,812$	$a = 0^k,332$	pâteux 285°,79
19°8	61°	41°2	$b = 6^k,818$	$b = 1^k,036$	solidifié 279°
19°7	45°2	25°5	$c = 6^k,814$	$c = 0^k,579$	liquide 306°

Cet acier, à la sortie du four à creusets, n'était pas très fluide.

De l'acier très dur — à 1,50 0/0 de carbone — employé pour moulage en acier et provenant d'un mélange de fer, de fonte manganésée et de ferro-manganèse a donné :

Expérience n° 5.

t_0	t	$t - t_0$	Q	q	C
17°5	32°5	15°	$a = 6^k,812$	$a = 0^k,379$	pâteux 273°,4
17°3	38°9	21°6	$b = 6^k,818$	$b = 0^k,577$	solidifié 260°,33
17°3	39°3	22°	$c = 6^k,814$	$c = 0^k,493$	liquide 309°

Cet acier devint très fluide; et, à l'état liquide et très chaud, il présenta un phénomène remarquable de réflexion de lumière que sa surface renvoyait comme une glace.

De l'acier plus dur encore que le précédent — à 1,75 0/0 de carbone — et provenant aussi d'un mélange de fer, de fonte manganésée et de ferro-manganèse, a donné :

Expérience n° 6.

t_0	t	$t - t_0$	Q	q	C
20°8	41°25	20°45	$a = 6^k,812$	$a = 0^k,533$	pâteux 266°,78
21°8	43°2	21°4	$b = 6^k,818$	$b = 0^k,592$	solidifié 251°,94
23°	39°7	16°7	$c = 6^k,814$	$c = 0^k,370$	liquide 313°

Cet acier demande à être recuit et décarburé dans de l'hématite rouge pour devenir résistant et malléable ; c'est donc un intermédiaire entre la fonte malléable et l'acier fondu.

De la fonte blanche de Suède donnant, après décarburation dans de l'hématite rouge, de la fonte malléable excellente, a présenté les chiffres suivants, après fusion en creusets :

Expérience n° 7.

t	$t - t_0$	Q	q	C
19°7	48°	28°3	$a = 6^k,812$	$a = 0^k,772$	pâteuse 255°,95
19°7	30°8	11°1	$b = 6^k,818$	$b = 0^k,315$	solidifiée 244°,25
19°6	33°2	13°6	$c = 6^k,814$	$c = 0^k,298$	fluide 315°,2

Cette fonte blanche contient environ :

Carbone total, presque entièrement combiné . . 2,70 0/0
Silicium 0,46
Manganèse 0,5

De la fonte tenace et trempante (Hartguss) de Gruson, ayant à peu près la composition moyenne suivante :

Carboné graphitique . . 2,2 0/0
— combiné . . . 0,8 —
Silicium . . . . 1 —
Manganèse . . . . . . 0,8 —

fondue en creusets a donné :

Expérience n° 8.

t_0	t	$t - t_0$	Q (1)	q	C
17°7	57°5	39°8	$a = 6^k,772$	$a = 1^k,106$	pâteuse 252°,07
18°	42°9	24°9	$b = 6^k,77$	$b = 0^k,536$	fluide 320°,1
18°3	31°6	13°3	$c = 6^k,768$	$c = 0^k,414$	solidifiée 221°,34

(1) Les capsules des calorimètres ont été changées par de plus étroites.

Cette fonte qui est très probablement obtenue, chez M. Gruson, par un mélange au cubilot de bonne fonte grise manganésifère d'hématites, de fonte blanche analogue à celle de Suède et de fer (1), présenta pendant son état liquide et très chaud, le même phénomène de réflexion de la lumière que l'acier dur, puis en se refroidissant, sa surface se recouvrit d'une pellicule blanchâtre (de graphite probablement) qui, se crevassant vivement par intervalles plus ou moins régulier et se refermant aussitôt, mettait à nu la surface réfléchissante du métal en produisant des sortes d'éclairs qui sillonnaient irrégulièrement et en tous sens la surface du bain métallique.

Anciennement en Autriche, on fabriquait, avec de la fonte pure, de l'acier et même du fer doux par rôtissage ou torréfaction oxydante de cette fonte coulée du haut fourneau en plaques minces et ensuite maintenue à la température rouge cerise et exposée à l'action de l'air. Dans ces conditions, l'oxygène de l'air pénètre graduellement par cémentation progressive de la surface vers l'intérieur et transforme peu à peu la partie externe de la plaque en une croûte décarburée mêlée d'oxyde de fer. En refondant ce mélange au bas foyer, on fait réagir l'oxyde de fer sur le carbone restant, ce qui transforme sans autre travail la fonte en acier ou en fer doux.

Le principal défaut de cette fabrication est l'irrégularité des produits, on ne peut apprécier le degré d'oxydation ni conduire l'opération de façon à oxyder toute cette fonte au même degré.

Ce procédé est abandonné aujourd'hui; mais j'ai voulu

---

(1) Dans ce mélange, le fer aurait pour but de diminuer la teneur en silicium apporté par la fonte grise; mais comme il diminuerait en même temps là teneur en carbone, la fonte blanche aurait pour but de ramener cette teneur en carbone à la quantité voulue pour que le métal soit facilement fusible et pas trop dur sous le travail des outils.

essayer si, en l'appliquant à la fonderie, la fonte oxydée au feu (brûlée) ne pourrait plus économiquement (1) remplacer le fer pour produire un métal encore moyennement carburé, intermédiaire entre la fonte et l'acier et plus résistant au feu que la fonte ordinaire.

Pour cette recherche, j'ai choisi des parties brûlées de tuyaux d'appareils à air chaud provenant de bonne fonte d'hématites traitée au charbon de bois et j'ai employé en proportions diverses cette fonte brûlée avec la fonte n° III des expériences n° 3.

Dans l'hypothèse que cette fonte brûlée soit totalement décarburée, ce qui est assez admissible, car il fut impossible de la liquéfier au four à creusets en la traitant seule, la teneur en carbone du mélange

10 pour 100 fonte brûlée et
90 — fonte n°III d'hématites à 3.50 $\left.\begin{array}{l}\text{eût été :}\\ 3,5 \times 0,9 = 3,15 \\ \text{pour 0/0}\end{array}\right.$
pour 100 de carbone total

20 pour 100 fonte brûlée et
80 — fonte n°III d'hématites à 3.50 $\left.\begin{array}{l}\text{eût été :}\\ 3,5 \times 0,8 = 2,80\end{array}\right.$

30 pour 100 fonte brûlée et
70 — fonte n°III d'hématites à 3.50 $\left.\begin{array}{l}\text{eût été :}\\ 3,5 \times 0,7 = 2,45\end{array}\right.$

50 pour 100 fonte brûlée et
50 — fonte n°III d'hématites à 3.50 $\left.\begin{array}{l}\text{eût été :}\\ 3,5 \times 0,5 = 1,75.\end{array}\right.$

Chacun de ces mélanges fondu au four à creusets a donné les résultats suivants :

_____

(1) La fonte brûlée n'a presque aucune valeur commerciale.

Expériences n° 9.

Mélanges.	T_0	T	$T - T_0$	Q	q	C
10 p. 0/0 fonte brûlée.	20°1	47°8	27°7	$a = 6^k,812$	$a = 0^k,765$	Pâteux 252c,71
	18°8	32°8	14°	$b = 6^k,$	$b = 0^k,427$	Solidifié 227c,45
	18°5	43°7	25°2	$c = 6^k,814$	$c = 0^k,532$	Liquide 328c,46
20 p. 0/0 fonte brûlée.	20°1	36°	15°9	$a = 6^k,812$	$a = 0^k,434$	Pâteux 254c,26
	19°2	34°3	15°1	$b = 6^k,818$	$b = 0^k,442$	Solidifié 237c,37
	18°8	43°5	14°7	$c = 6^k,814$	$c = 0^k,527$	Liquide 325c
30 p. 0/0 fonte brûlée.	18°4	37°7	19°3	$a = 6^k,812$	$a = 0^k,524$	Pâteux 255c,8
	18°3	31°4	13°1	$b = 6^k,818$	$b = 0^k,367$	Solidifé 247c,45
	18°4	38°6	20°2	$c = 6^k,814$	$c = 0^k,440$	Liquide 317c,825
50 p. 0/0 fonte brûlée.	21°6	37°4	15°8	$a = 6^k,772$	$a = 0^k,437$	Solidifié 249c,7
	20°2	47°	26°8	$b = 6^k,77$	$b = 0^k,587$	Liquide 315c
	19°3	55°2	35°9	$c = 6^k,768$	$c = 0^k,974$	Pâteux 256c,66

Si nous plaçons en regard les résultats obtenus dans ces dernières expériences avec ceux trouvés dans l'expérience n° 3 relatifs à la même fonte n° III employée.

ÉTAT PHYSIQUE	Fonte n° III pure	90 p. 0/0 Fonte n° III	80 p. 0/0 Fonte n° III	70 p. 0/0 Fonte n° III	50 p. 0/0 Fonte n° III
Solidifié C =	241c,8	227c,45	237c,36	247c,45	249c,7
Pâteux. C =	256c,74	252c,71	254c,26	255c,8	256c,66
Liquide C_l =	328	328c,46	325	317c,825	315c

Nous remarquerons d'abord la décroissance importante de la chaleur contenue dans le métal à 90 0/0 fonte n° III, au moment de sa solidification, par rapport à la quantité de chaleur contenue dans la fonte n° III pure, lorsqu'elle est au même état physique; tandis qu'à l'état liquide et à l'origine de l'état pâteux les quantités de chaleur n'ont pas été sensiblement modifiées.

Ensuite, à mesure que la quantité de fonte brûlée mêlée à la fonte n° III augmente, les quantités de chaleur possédées par ces divers mélanges à l'origine de leur solidification vont en augmentant, ainsi que les quantités de chaleur possédées par chacun d'eux à l'origine de leur état pâteux. Toutefois, les accroissements dans ce dernier état sont beaucoup plus faibles.

Enfin, les quantités de chaleur possédées par ces mélanges à leur sortie du four à creusets diminuent graduellement, mais dans une proportion assez minime et cependant, on peut admettre que leur température est à très peu près la même et égale au maximum de température que peut produire le four à creusets employé.

L'explication de ces variations des quantités de chaleur contenues dans les divers mélanges ci-dessus est assez facile en remarquant que si, d'une part, en introduisant en quantité variable de la fonte brûlée, c'est-à-dire de la fonte à peu près complètement décarburée et très chargée d'oxyde de fer, dans de la fonte manganésée et siliceuse, on appauvrit la teneur en carbone du mélange et par suite on élève son point de fusion d'autre part, le manganèse et le silicium étant très avides d'oxygène, seront énergiquement oxydés par l'oxygène provenant de la décomposition de l'oxyde de fer introduit, et le silicate de manganèse formé passera dans la scorie. Or cette élimination plus ou moins complète du silicium et du manganèse dans le mélange en fusion devra avoir pour résultat d'abaisser le point de solidification de ce mélange, ainsi que nous le verrons par quelques-unes des expériences suivantes :

C'est ce dernier effet qui prédomine dans le mélange

10 0/0 fonte brûlée ;

90 0/0 fonte n° III, siliceuse et manganésée,

et par suite abaisse le point de solidification de ce mélange ; tandis qu'ensuite, l'appauvrissement en carbone devenant de plus en plus considérable à mesure que la proportion de fonte brûlée introduite dans le mélange s'élève, l'effet de cette décarburation devient dominant et élève au contraire la quantité de chaleur contenue dans ces mélanges lorsqu'ils atteignent leur point de solidification.

Du reste, comme la fusion s'est effectuée en creusets, sans aucun brassage, toute la quantité d'oxyde de fer introduite a très bien pu ne pas se réduire entièrement, ou ne se réduire que dans la proportion nécessaire à l'oxydation plus ou moins complète du silicium et du manganèse, de sorte qu'un excès d'oxyde de fer a pu se trouver dans les mélanges de 30 et à 50 0/0 de fonte brûlée, surtout dans ce dernier, ce qui expliquerait les nombreuses soufflures existant dans les barreaux coulés avec ce dernier mélange (soufflures dues sans aucun doute à l'action de cet oxyde de fer en excès sur le carbone existant dans le mélange) et aussi la production en quantité assez grande d'une poussière brune qui s'est dégagée du métal fondu et est venue recouvrir sa surface pendant son refroidissement et un peu avant d'arriver à l'état pâteux.

Pour reconnaître l'influence du manganèse sur l'élévation des quantités de chaleur qu'il détermine dans les fontes qui en contiennent, lorsque ces fontes sont à chacun des trois états physiques étudiés précédemment, il suffit de recourir à un ferro-manganèse contenant ce dernier corps en quantité considérable.

L'expérience suivante (n° 10) effectuée sur un ferro-manganèse ayant la composition moyenne suivante :

Carbone combiné 5,4 0/0 ;
Manganèse 50 à 55 0/0 ;
Silicium 0,06 0/0 ;

donna les résultats ci-contre :

Expérience n° 10.

t_0	t'	$t - t_0$	Q	q	C
22°8	36°1	13°3	$a = 6^k,772$	$a = 0^k,256$	liquide 356°,53
22°2	40°2	18°	$b = 6^k,77$	$b = 0^k,474$	solidifié 261°,9
20°9	43°5	22°6	$c = 6^k,768$	$c = 0^k,527$	pâteux 295°,89

Ces chiffres sont supérieurs, de beaucoup, à tous ceux que nous avons obtenus jusqu'à présent.

Les granules de ce ferro-manganèse, formés dans les calorimètres a et c étaient revêtus d'une mince pellicule de laitier vert-pomme ; les granules dans le calorimètre a sont pour la plupart devenus aussi fins que de la limaille.

Pendant le refroidissement de ce ferro-manganèse, avant son arrivée à l'état pâteux, du graphite se dégagea à la surface du métal liquide ; les granules, dans le calorimètre c, et le lingot, dans le calorimètre b, étaient aussi recouverts, par places, de graphite.

De la fonte miroitante (spiegeleisen) de Jaegerthal ayant pour composition moyenne :

Carbone combiné 5,1 0/0
Manganèse . . . . 7,1 —
Silicium . . . . 0,4 —

a donné :

Expérience n° 11.

t_0	t	$t - t_0$	Q	q	C
17°2	32°7	15°5	$a = 6^k,812$	$a = 0^k,443$	pâteuse 242°,76
19°7	31°0	11°3	$b = 6^k,818$	$b = 0^k,372$	solidifiée 211°,15
19°1	44°7	25°6	$c = 6^k,814$	$c = 0^k,524$	liquide 938°,70

Cette dernière fonte (spiegeleisen) est devenue excessivement fluide et dans cet état avait au plus haut degré le pouvoir de réfléchir la lumière comme une glace, de sorte qu'il ne serait pas étonnant que le nom de fonte miroitante ne lui ait été donné primitivement beaucoup plus par suite de ce phénomène de réflexion de la lumière qu'elle possède à l'état liquide, lorsqu'elle est très chaude, que de sa structure cristalline à larges facettes qu'elle présente à l'état solide.

En approchant de l'état pâteux, sa surface se couvre d'une couche de pellicules de graphite ayant l'aspect d'une peau blanche; et cette couche s'épaissit de plus en plus jusqu'à l'arrivée de cette fonte à l'état complètement pâteux.

Un mélange de 50 0/0 de cette fonte miroitante avec 50 0/0 de la fonte siliceuse et manganésée des expériences n° 3 a donné après sa fusion au creuset :

Expérience n° 12.

t_0	t	$t - t_0$	Q	q	C
19°1	35°0	15°9	$a = 6^k,772$	$a = 0^k,532$	solidifié 206°,95
19°9	40°9	21°0	$b = 6^k,770$	$b = 0^k,434$	liquide 333°,00
20°8	79°0	58°2	$c = 6^k,768$	$c = 1^k,647$	pâteux 249°,46

Liquide et très chaud, ce mélange de fonte est aussi très miroitant à l'état fluide; sa surface se couvrait par places et brusquement de pellicules arrondies et blanchâtres qui, se crevassant avec vivacité, mettaient à nu la surface liquide du métal et produisaient des éclairs très lumineux. Les débris divisés de ces pellicules, en allant se réunir sur les bords du bain de fonte contre les parois internes du creuset, se transformaient en scories (ou silicate de manganèse, probablement) dues à l'oxydation du bain de fonte par l'air environnant.

A l'état solide et à froid, la cassure de cette fonte a présenté la texture cristalline de la fonte miroitante; mais très chargée de graphite.

Disposons encore en regard les uns des autres les résultats trouvés dans les expériences n°s 10, 11, 12 et 3 sur des fontes chargées de manganèse, en proportions diverses.

ÉTAT PHYSIQUE	Exp. n° 10 (Mn = 30 0/0, C total = 5,4, Si = ||)	Exp. n° 11 (Mn = 7,1 0/0, C total = 5,1, Si = 0,4)	Exp. n° 12 (Mn = 4,8 0/0, C total = 4,3, Si = 1,275)	Exp. n° 3 (Mn = 2,5 0/0, C total = 3,5, Si = 2,15)
Solidifié C_s =	261°,90	211°,15	206°,95	241°,80
Pâteux C_p =	295°,89	242°,76	249°,46	256°,74
Liquide C_l =	356°,53	338°,70	333°,00	328°,00

Remarquons combien sont élevées dans l'expérience n° 10, sur le ferro-manganèse, les valeurs de C par rapport à celles des autres fontes, il est évident que ce résultat ne peut être dû qu'à la teneur considérable en manganèse qui caractérise cette fonte.

Dans le spiegeleisen de l'expérience n° 11, les valeurs de C ont relativement décru dans une proportion plus grande que ne semblerait l'admettre la teneur encore élevée de cette fonte en manganèse; ce résultat doit sans doute être attribué à la très forte proportion du carbone contenu dans cette fonte, par rapport à celle qui existe dans les autres fontes précédemment étudiées et en général dans toutes les autres espèces de fontes.

Dans l'expérience n° 12 relative au mélange de 1/2 spiegeleisen et 1/2 fonte n° III manganésée et siliceuse, la valeur de C correspondant au point de solidification s'est encore abaissée davantage, quoique la teneur en carbone ait également subi une diminution; mais ici, d'une part, la proportion de manganèse par rapport à celle contenue dans le spiegeleisen est beaucoup plus faible, ce qui a pu déterminer l'abaissement de C_s (correspondant au point de solidification) et d'autre part, il est possible que pendant sa fusion effectuée dans l'atmosphère plus ou moins oxydante du four à creusets, une partie de manganèse et du silicium se soit scorifiée, ce qui aurait eu pour résultat de réduire encore la teneur en manganèse et par suite la valeur de C_s.

Enfin, pour la fonte n° III manganésée et siliceuse, il est permis de supposer que les valeurs de C_p et de C_s ne sont plus élevées que dans les deux fontes précédentes que parce que d'une part la teneur de cette fonte n° III en carbone est beaucoup plus faible que celle des fontes spéciales traitées dans les expériences n°s 10 et 11 ; et d'autre part, probablement aussi à cause de la quantité relativement grande de silicium contenue dans cette fonte n° III.

De ce que dans les fontes, une forte proportion de silicium est presque toujours accompagnée d'une proportion élevée de carbone, il est assez difficile de découvrir l'influence particulière du silicium sur les quantités de chaleur contenues dans les fontes liquides renfermant du silicium, lorsque ces fontes sont sur le point de devenir pâteuses et de se solidifier.

Voici cependant les résultats obtenus sur une bonne fonte (Harrington n° I) très siliceuse, provenant d'hématite et présentant la composition suivante :

Carbone graphitique. . 3,92 pour cent ⎫
Carbone combiné . . . 0,15 — ⎬ carbone total 4,07.
Silicium . . . . 4,10 — ⎭

Expérience n° 13.

t_0	t	$t - t_0$	Q	q	C		
17°7	35°3	17°6	$a = 6^k,772$	$a = 0^k,366$	Liquide	330°,25	
18°	39°	21°	$b = 6^k,77$	$b = 0^k,632$	Solidifiée	229°,87	
19°	37°5	18°5	$c = 6^k,768$	$c = 0^k,525$	Pâteuse	243°,35	

Une quantité assez considérable de graphite se dégagea de cette fonte pendant son refroidissement, avant qu'elle ne parvînt à l'état pâteux.

Pendant le refroidissement, il se forma sur toute la surface de cette fonte une peau blanchâtre de graphite, sur laquelle aucun mouvement vermiculaire ne fut observé. Ces mouvements vermiculaires observés à la surface des fontes précédentes proviendraient donc de la présence simultanée du manganèse et du silicium et de leur scorification par l'oxygène de l'air dans lequel le métal liquide est exposé pendant son refroidissement.

Eu égard à la teneur élevée du carbone dans cette fonte. la valeur de C_t semblerait devoir être beaucoup plus faible que celle obtenue, ce serait donc à la présence du silicium, en quantité considérable que devrait être attribuée l'élévation de C_s, et par suite, on devrait en conclure que le silicium agit comme le manganèse pour augmenter la quantité de chaleur contenue dans les fontes sur le point de se solidifier.

De la fonte d'Écosse, Coltness n° I, presque aussi chargée de silicium que la fonte précédente, très graphiteuse, manganésée et phosphoreuse; cette fonte provenant de minerais (blackbands) ne renfermant presque que du carbonate de fer. très riches après grillage et traités à la houille au haut fourneau, a donné :

Expérience n° 14.

t_0	t	$t - t_0$	Q	q	C		
19°3	39°8	20°5	$a = 6^k,772$	a $0^k,439$	liquide	321°,43
18°5	34°	15°5	$b = 6^k,77$	$b = 0^k,471$	solidifiée	227°,20
18°	30°9	12°9	$c = 6^k,768$	$c = 0^k,350$	pâteuse	253°,16

La composition moyenne de cette fonte Coltness n° I est la suivante :

Carbone graphit. 3,30 pour 100 ⎫ carbone total
— combiné 0,20 — ⎭
Silicium 3,50 —

Phosphore   0,984 pour cent.
Manganèse   1,58   —
Soufre   0,022   —

Une autre fonte d'Écosse, Calder n° I, dont la composition doit réunir les mêmes éléments que la fonte Coltness et en proportion assez peu différente, a donné :

Expérience n° 15.

t_c	t	$t - t_o$	Q	q	C
18°3	42°1	23°8	$a = 6^k,772$	$a = 0^k,662$	pâteuse 248°,96
17°8	32°5	14°7	$b = 6^k,77$	$b = 0^k,449$	solidifiée 225°,84
17°8	44°	26°2	$c = 6^k,768$	$c = 0^k,549$	liquide 328°,7

En comparant la fonte Harrington, au point de vue des valeurs de C_s correspondant au point de solidification, aux fontes écossaises Coltness n° I et Calder n° I, nous trouvons que ces dernières, ayant une teneur en carbone moins grande que la première et renfermant de plus du manganèse en quantité assez notable, auraient dû posséder une quantité de chaleur plus grande que la fonte Harrington en arrivant à leur point de solidification, tandis que nous avons trouvé au contraire que la quantité de chaleur C_s est inférieure, dans les fontes écossaises, à ce qu'elle est dans la fonte Harrington; cela ne peut évidemment provenir que du phosphore qui existe en quantité notable dans les fontes d'Ecosse, tandis qu'il n'est qu'à l'état de traces dans la fonte Harrington. D'où il résulte que la quantité de chaleur possédée par les fontes à l'instant de leur solidification est diminuée par la présence du phosphore dans ces fontes.

Les expériences suivantes faites sur les fontes phosphoreuses Cleveland n° III et Clarence n° III, provenant de minerai de fer oolithiques très analogue à celui de la Moselle; mais un peu plus alumineux, renferment associés au phosphore des éléments étrangers en trop grande quantité pour qu'il soit possible d'en dégager la confirmation de cette influence du phosphore seul. .

La fonte Clarence n° III nous a donné :

Expérience n° 16.

t_0	t	$t - t_0$	Q	q	C
20°8	41°0	20°2	$a = 6^k,772$	$a = 0^k,442$	liquide 314°,82
17°9	32°9	15°0	$b = 6^k,770$	$b = 0^k,479$	solidifiée 216°
17°0	38°0	21°0	$c = 6^k,768$	$c = 0^k,577$	pâteuse 251°,27

Cette fonte Clarence n° III a la composition suivante :

Carbone graphitique. . . . 3,39 0/0 ⎱ Carbone total
  —   combiné . . . . . 0,13 — ⎰ 3,52
Silicium . . . . 2,52 —
Manganèse . . . . 0,68 —
Phosphore . . . . 1,49 —
Soufre . . . . 0,055 —

Pour la fonte Cleveland ou Eston n° III, qui a à peu près la même composition que la fonte précédente, nous avons trouvé :

Expérience n° 17.

t_0	t	$t - t_0$	Q	q	C
17°6	35°0	17°4	$a = 6^k,772$	$a = 0^k,377$	liquide 317°,10
17°3	29°4	12°1	$b = 6^k,770$	$b = 0^k,389$	solidifiée 214°,18
16°8	35°15	18°35	$c = 6^k,766$	$c = 0^k,512$	pâteuse 247°,14

Ces fontes du Cleveland ont la même teneur en carbone que les fontes d'Écosse sur lesquelles ont porté nos expériences n°s 14 et 15; mais elles renferment moins de silicium et de manganèse, par contre elles contiennent une proportion de phosphore plus élevée, d'où doit résulter pour ces fontes du Cleveland l'abaissement de la valeur C_s par rapport à celle trouvée pour les fontes d'Écosse.

Les fontes provenant des minerais oolithiques de la Moselle (minerais moins alumineux que ceux du Cleveland et par suite moins réfractaires au haut fourneau) sont plus phosphoreuses encore que les fontes anglaises du Cleveland, sur lesquelles ont porté nos expériences n°s 16 et 17; par contre, elles sont moins carburées.

Ainsi la fonte d'Esch n° III renfermant :

Carbone graphitique . . .	2,58 0/0) Carbone total
— combiné	0,436 — } 3,016
Silicium	1,63 —
Phosphore.	1,83 —
Manganèse	0,291 —
Soufre	0,094 —

nous a donné :

Expérience n° 18.

t_0		$t - t_0$	Q	q	C
17°2	41°3	24°1	$a = 6^k,812$	$a = 0^k,667$	pâteuse 251°,59
17°2	34°1	16°9	$b = 6^k,818$	$b = 0^k,519$	solidifiée 226°,28
17°2	36°2	19°0	$c = 6^k,768$	$c = 0^k,399$	liquide 327°,00

Avec de la fonte de Ottange n° III qui doit assez peu différer en composition de celle d'Esch, nous avons trouvé :

Expérience n° 19.

t_0	t	$t - t_0$	Q	q	C
17°3	37°6	20°3	$a = 6^k,812$	$a = 0^k,569$	pâteuse 247°,93
17°8	37°7	19°9	$b = 6^k,818$	$b = 0^k,425$	liquide 324°,14
18°0	36°5	18°5	$c = 6^k,768$	$c = 0^k,570$	solidifiée 224°,41

Si l'on compare les fontes Clarence n° III et Cleveland n° III aux fontes d'Esch n° III et d'Ottange n° III, on remarquera que ces dernières fontes possèdent, en arrivant à leur point de solidification, une quantité de chaleur plus considérable que les premières. Or, au point de vue de leur composition chimique, les fontes anglaises du Cleveland diffèrent des fontes de la Moselle ci-dessus par :

Environ 0,5 0/0 de plus de carbone total.

— 0,7 0/0 de plus de silicium.

— 0,3 0/0 de moins de phosphore; elles contiennent environ 2 fois plus de manganèse, et presque moitié seulement de soufre; d'où il résulte que l'augmentation dans la teneur en carbone et la diminution dans la teneur en soufre des fontes anglaises par rapport aux fontes de Moselle ayant eu pour résultat de diminuer la quantité de chaleur C_s correspondant au point de solidification, et par conséquent de combattre la tendance à augmenter cette quantité de chaleur par suite de l'augmentation de la teneur en silicium et en manganèse et de la réduction de la teneur en phosphore, le carbone doit être beaucoup plus que le phosphore l'élément dominant dans les variations de C_s.

Sauf la première, toutes les expériences précédentes, faites sur des aciers et fontes plus ou moins carburés, ont été opérées sur du métal amené à l'état liquide dans un four à creusets, l'expérience suivante se fit, au contraire, sur du métal liquéfié au cubilot, ce métal provenant d'un mélange de

30 0/0 fonte n° III manganésée et siliceuse; (de l'expérience n° 3);

20 0/0 Coltness n° I;

20 0/0 Esch n° III;

30 0/0 Bocages provenant d'un mélange identique à celui-ci fondu au cubilot.

Expérience n° 20.

t_0	t	$t - t_0$	Q	q	C
16°6	36°9	20°3	$a = 6^k,812$	$a = 0^k,662$	solidifiée 213°,45
16°2	33°6	17°4	$b = 6^{k'}818$	$b = 0^k,414$	liquide 286°
15°8	38°15	22°35	$c = 6^k,768$	$c = 0^k,350$	pâteuse 238°,54

Ce même mélange de fontes, fondu au four à creusets, a
donné :

Expérience n° 21.

t_0	t	$t - t_0$	Q	q	C
16°7	23°8	7°1	$a = 6^k772$	$a = 0^k193$	pâteuse 251°7
16°8	32°1	15°3	$b = 6^k77$	$b = 0^k478$	solidifiée 220°88
18°2	45°	26°8	$c = 6^k768$	$c = 0^k569$	liquide 324°62

En premier lieu remarquons que la quantité de chaleur C_l
possédée par la fonte liquide et très chaude, sortant du cubilot, est notablement inférieure à celle de la même fonte sortant
du four à creusets; ce qui est assez naturel et prouve que la
température développée dans un four à creusets est beaucoup
plus élevée que celle que l'on peut produire dans un cubilot.
Mais les quantités de chaleur C_p et C_s sont également plus
élevées dans la fonte provenant du four à creusets que dans
la fonte provenant du cubilot. Ceci ne peut guère s'expliquer
qu'en se reportant à l'expérience n° 9 relative au mélange de
      90 0/0 fonte n° III manganésée et siliceuse, et
      10 0/0 fonte brûlée.

Dans la fusion au cubilot, la fonte liquide passant en gouttelettes devant les tuyères doit subir une légère oxydation en
traversant cette zone oxydante (1); et de fait, on constate

_____

(1) Dans des essais, antérieurs à ceux-ci, de fusions successives de la même
fonte, exécutés au cubilot sur un mélange initial de fontes presque iden-

toujours dans la fusion des fontes au cubilot un déchet moyen
de 5,50 0/0 correspondant à environ :

---

tique à celui des expériences n°s 20 et 21, j'ai fait les remarques suivantes :

Première refonte. — La fonte était très fluide, la cassure des masselottes coulées montrait un grain assez gros, d'aspect noir plutôt que gris.
Cette fonte était passablement graphiteuse et très douce à limer.

Deuxième refonte. — La fonte, très liquide encore, avait varié cependant ; le grain des masselottes était plus fin et plus clair que précédemment ; cependant cette fonte était encore très douce à limer.

Troisième refonte. — La fonte devint un peu moins chaude, la cassure
montra une texture plus serrée et plus claire, elle était assez dure à
limer.

Quatrième refonte. — La fonte devint moins chaude encore et sa cassure
truitée grise plus claire et plus mate ; les angles et les bavures devinrent
blancs. Cette fonte déjà presque très dure à limer.

Cinquième refonte. — Assez fluide encore, quoique peu chaude, cette
fonte jeta des étincelles en sortant du cubilot. Sa cassure était truitée
blanche, sauf vers le centre où se montraient des cristallisations. Très
dure à limer, très fragile, retassant considérablement, cette fonte ne pouvait plus être d'aucun emploi en fonderie.

Sixième refonte. — Fortes étincelles brillantes à la sortie du cubilot,
plutôt pâteuse que fluide, se solidifiant dans la poche de fonderie autour
de ses parois, à cassure totalement blanche et grenue, avec soufflures
nombreuses, très fragile et rendant un son clair sous le choc.

Septième refonte. — Étincelles plus nombreuses encore à la sortie du
cubilot, pâteuse, se solidifiant dans le trou et sur le bec de coulée, rou-
lant en grumeaux plutôt que coulant, cette fonte était complètement
blanche, grenue et caverneuse.

Parvenue à cet état, cette fonte devait avoir perdu entièrement son manganèse
et son silicium et probablement aussi une portion considérable de son carbone, quoiqu'elle ait pu en emprunter au coke de fusion ; de plus, ces
fusions successives ont dû amener dans cette fonte une proportion élevée
de soufre provenant du coke avec lequel elle a été en contact pendant sa
fusion, et concentrer le phosphore qu'elle renfermait primitivement. Enfin,
de l'oxyde de fer non réduit devait se trouver dissous ou mélangé à
cette fonte pâteuse et c'est sans doute à la présence de cet oxyde et des
laitiers qu'elle devait renfermer, que sont dues les soufflures et la fragilité de cette fonte dès sa cinquième refonte.

Des essais de fusions successives de ce même mélange de fontes au
creuset donnèrent lieu aux remarques suivantes :

Après les quatre premières fusions, on aperçut peu de variations dans
la fonte, la cassure montrait un grain un peu plus serré, plus fin ; mais
était encore graphiteuse ; les trois fusions suivantes eurent encore peu
d'influence, la fonte était encore grise, à grains très fins, avec un faible
éclat métallique ; à la neuvième fusion cette fonte était encore grise ; mais
laissait apercevoir un liséré blanc sur les bords de sa cassure à grains
très fins, mais ternes, sauf vers le centre. La surface de la masselotte

4

3 à 4 0/0 de fer brûlé (le fer étant le métal dominant).

0,50 à 1 0/0 de silicium et de manganèse.

0,50 à 1 0/0 de sable et terre mêlés aux fontes brutes chargées.

Il en résulte que l'oxyde de fer produit dans la zone oxydante doit venir se réduire partiellement dans le creuset du cubilot en oxydant plus ou moins de silicium et de manganèse, lesquels en formant du silicate de manganèse devront passer dans la scorie; et c'est le résultat de l'élimination

---

était couverte d'une épaisse couche d'oxydation recouvrant des retassements et des piqûres profondes. A la onzième refonte, la surface de la masselotte retasse davantage, les piqûres restent les mêmes, comme nombre, mais s'étendent plus sous cette surface; la cassure passe au truité gris plus accentué vers les bords, qui blanchissent dans les angles; le grain truité gris est fin et terne. A la quatorzième refonte, la surface de coulée est plus retassée encore et plus scoriée que précédemment; dans la cassure, le truité blanc commence à paraître autour du centre, formant des cristallisations grises et passe insensiblement au blanc rayonné sur les bords.

Depuis la quinzième jusqu'à la dix-huitième refonte, la cassure de cette fonte passe de plus en plus du truité blanc au blanc rayonnant dans les cassures saines, les autres cassures présentent de larges taches noires au centre, signes précurseurs du passage de cette fonte du blanc rayonné au blanc grenu et caverneux.

Depuis la onzième fusion la résistance de cette fonte au choc diminue progressivement et à partir de la quatorzième fusion la fragilité devient très grande.

Donc, aussi bien dans la fusion de la fonte au creuset qu'au cubilot, cette fonte se dénature et des fusions successives mettent en évidence cette dénaturation. Au cubilot, elle est plus sensible et plus rapide qu'au creuset, ce qui s'explique très bien par le passage de la fonte liquide (en gouttelettes présentant une grande surface relativement à leur volume) devant les tuyères, dans une région excessivement oxydante, tandis qu'au creuset cette fonte est dans une atmosphère riche en oxyde de carbone et plutôt réductrice de l'oxyde de fer qu'oxydante; l'oxydation du fer ne doit se produire que pendant la sortie des creusets du four et la coulée.

Ces fusions successives présentent, dans la dénaturation de la fonte, tous les caractères du mélange de cette même fonte primitive avec des proportions de plus en plus grandes de fonte brûlée; de sorte que la proportion de fonte brûlée que l'on peut associer à une fonte donnée, pour que le mélange soit encore convenable à un emploi déterminé, doit pouvoir, jusqu'à un certain point, servir d'indice du nombre de refontes que peut supporter cette fonte avant de ne plus pouvoir être utilisée à l'usage auquel on la destine.

partielle, au cubilot, du silicium et du manganèse contenus dans le mélange de fontes qui doit amener la différence constatée, dans les deux expériences précédentes, entre les quantités de chaleur contenues dans la fonte sur le point de figer et sur le point de se solidifier, suivant que la liquéfaction de cette fonte est produite au cubilot ou au four à creusets.

Une certaine quantité de carbone a pu aussi être éliminée par la réduction de l'oxyde de fer; mais en présence du silicium et du manganèse contenus dans ce mélange de fontes, cette quantité de carbone n'a pu être que tout à fait minime. Dans les creusets aussi, une légère oxydation des éléments avides d'oxygène a pu se produire; mais comme l'atmosphère des fours à creusets doit être très riche en oxyde de carbone, cette oxydation n'a dû porter que sur le silicium et le manganèse et encore n'a dû s'exercer que d'une façon excessivement restreinte; aussi l'élimination du manganèse et du silicium n'ont-elles dû se produire qu'en proportion excessivement faible.

En résumé, pendant sa fusion au cubilot, la fonte subit un léger affinage faisant disparaître plus ou moins du silicium et du manganèse qu'elle renferme; et de cette altération des éléments primitivement contenus dans le mélange, résulte l'abaissement que nous avons constaté dans la quantité de chaleur C_s contenue dans cette fonte à l'instant de sa solidification.

II — TEMPÉRATURES DE FUSION

DÉDUITES DES EXPÉRIENCES PRÉCÉDENTES

En fonderie, un métal est réputé froid quand à l'aide de l'appareil de fusion dont on dispose on ne peut amener ce métal à une très grande fluidité, ou que la fluidité obtenue se perd presque instantanément dans le contact de ce métal liquide avec le moule, que ce métal ne parvient que plus ou moins imparfaitement à remplir dans tous ses détails.

C'est ce que les ouvriers de fonderie expriment en disant que la fonte se *tue* à la coulée.

Au contraire, un métal est réputé chaud quand à sa sortie de l'appareil de fusion il possède une très grande fluidité et qu'il la conserve assez longtemps pour que versé dans les moules il les remplisse complètement jusque dans tous leurs moindres détails, si délicats qu'ils soient.

On comprend que la démarcation entre les fontes froides et les fontes chaudes ne soit qu'absolument relative et qu'une fonte liquide donnée pourra, en fonderie, être considérée comme chaude si elle est appliquée à la coulée de pièces lourdes et épaisses, tandis qu'elle ne sera que de la fonte froide, si elle est employée à la coulée de pièces légères et très minces.

En général, une fonte doit être d'autant plus chaude qu'elle doit produire des pièces plus minces, c'est dire qu'elle doit être coulée dans des moules dont la surface par rapport au poids des pièces à obtenir est plus considérable, puisque c'est en effet la surface des moules qui, en absorbant une partie de la chaleur de la fonte liquide pour se mettre en équilibre de température avec elle, ramène plus ou moins vivement cette fonte à l'état pâteux à partir duquel aucun écoulement à l'intérieur des moules ne peut plus s'effectuer.

En définitive, nous pouvons dire qu'une fonte sera d'autant plus chaude que la différence $C_i - C_p$ sera plus grande, c'est-à-dire que l'écart entre la chaleur C_i qu'elle possède à sa sortie de l'appareil de fusion et la chaleur C_p qu'elle contient à l'instant où elle commence à devenir pâteuse est plus considérable. Or, si pour une même fonte et même pour des fontes de nature assez différente C_p ne varie que faiblement, il n'en est pas de même de C_i qui dépend de la température à laquelle a pu être amenée la fonte dans l'appareil de fusion employé. Ainsi, dans nos expériences n°s 20 et

21 relatives au même mélange de fontes, nous avons trouvé qu'en sortant du creuset cette fonte possédait 324,62 calories, tandis qu'à sa sortie du cubilot elle n'en contenait que 286. Il est vrai que pendant sa fusion au cubilot cette dernière fonte avait été un peu plus affinée que la précédente amenée à l'état liquide au four à creusets; mais cette différence finale dans la nature de mêmes fontes initiales ne peut justifier un écart aussi considérable.

Quand un métal est mis en fusion dans un four, se trouvant en présence d'une source indéfinie de chaleur, il tend, en effet, à se mettre en équilibre de température avec elle ; mais n'empruntera à cette source que le calorique nécessaire pour atteindre une température égale à celle du milieu dans lequel il se trouve, de sorte que la quantité de chaleur C_i qu'il possédera aura pour limite celle qui correspond à la température la plus élevée que le four puisse produire, et cette limite sera atteinte si le séjour de ce métal dans le four a eu suffisamment de durée.

Dans le four à creusets, à tirage naturel, que nous avons employé, nous n'avons jamais pu parvenir à amener du fer à l'état liquide, il y devenait soudant et pâteux, à la température correspondant au blanc éblouissant, mais n'entrait pas en fusion, tandis qu'au contraire, même de l'acier doux y devenait très liquide; d'après cela, nous pouvons estimer que la température atteinte était un peu inférieure à 1500° et admettre qu'à sa sortie des creusets le métal ne devait pas s'écarter beaucoup de la température 1450°.

Dans chacune des expériences mentionnées précédemment et faites sur du fer plus ou moins carburé et impur, fondu en creusets, ce métal est demeuré assez longtemps dans le four pour qu'il ait pu y acquérir la température maximum que le four soit capable de produire; nous pouvons donc encore admettre que la température de ce métal à sa sortie des creusets était aussi, assez approximativement, de 1450°. De

sorte que connaissant, d'une part, par nos expériences calorimétriques la quantité de chaleur possédée par les différents
mélanges d'aciers et de fontes essayés et, d'autre part, la température de ces mélanges à leur sortie des creusets, nous
pouvons en déduire la chaleur spécifique correspondant à
cette température excessivement élevée.

Ainsi, pour l'acier demi-doux (à 0,6 0/0 de carbone) de
l'expérience n° 4, ayant trouvé $C_i = 306^c$ et dans l'hypothèse
de $T = 1,450°$, nous obtiendrons :

$$\text{chaleur spécifique} = \frac{306^c}{1450°} = 0,211.$$

Pour l'acier très dur (à 1,5 0/0 de carbone) de l'expérience
n° 5, C_i étant égal à 309 calories, et en admettant que
$T = 1450°$, on trouvera :

$$\text{chaleur spécifique} = \frac{309^c}{1450°} = 0,213.$$

De l'acier extra-dur (à 1.80 0/0 de carbone) de l'expérience
n° 6 nous ayant fourni $C_i = 313^c$, pour $T = 1450°$, nous
trouverons :

$$\text{chaleur spécifique} = \frac{313}{1450} = 0.215.$$

Pour la fonte blanche, de Suède (à 2.7 0/0 de carbone) de
l'expérience n° 7, C_i étant égal à 315^c29, on trouve :

$$\text{chaleur spécifique} = \frac{315,29}{1450} = 0,217,$$

et pour la fonte tenace et trempante de Gruson, (à 3 0/0 de
carbone total) de l'expérience n° 8, comme $C_i = 320^c,1$, on

obtient : $\text{chaleur spécifique} = \dfrac{320^c,1}{1450°} = 0,221.$

En comparant les chiffres trouvés, nous reconnaissons que
les chaleurs spécifiques croissent progressivement avec les
teneurs en carbone du métal, ce que Regnault avait déjà
trouvé en expérimentant, entre 0 et 100°, sur du fer doux,
du fine métal et de la fonte blanche, et s'explique assez bien

si l'on remarque que la chaleur spécifique du $\Big\}$ d'après charbon est 0,241 (entre 0 et 100°) et celle du $\Big\}$ Regnault; graphite des hauts fourneaux est 0.497,

c'est-à-dire de 2 1/2 à 4 1/2 fois plus élevée que celle du fer (0,1098).

Si nous remarquons qu'entre l'acier fondu à 0,6 0/0 de C et la fonte blanche de Suède à 2,7 0/0 de C, la différence de nature porte principalement sur la différence de teneur en carbone et que cette différence

$$2,7 - 0,6 = 2,1 \ 0/0$$

s'est traduite dans la fonte blanche par une augmentation de $0,217 - 0,211 = 0,006$ dans la chaleur spécifique, il en résulte qu'une augmentation de 1 0/0 de carbone correspond en moyenne à un accroissement de $\dfrac{0,006}{2,1} = 0,00285$ de la chaleur spécifique.

Le manganèse très carburé, dont
la chaleur spécifique est 0,144
Le phosphore dont la chaleur spécifique est. 0,250
Le soufre dont la chaleur spécifique est. 0,202

entre 0 et 100°
d'après
Regnault

et probablement aussi le silicium, dont la chaleur spécifique m'est inconnue, doivent de même élever sensiblement la chaleur spécifique de la fonte et d'autant plus que cette fonte en est plus chargée.

Ainsi, d'après la valeur $C_l = 356°53$ que nous avons trouvée pour le ferro-manganèse $\left(\begin{smallmatrix} \text{à } 5.4 \ 0/0 \text{ de carbone} \\ \text{et } 50 \ 0/0 \text{ de manganèse} \end{smallmatrix}\right)$ de l'expérience n° 10, sa chaleur spécifique serait :

$$\frac{356,53}{1450} = 0,245 ;$$

tandis que la fonte spéculaire de l'expérience n° 11, qui est

à peu près aussi carburée $\left(\begin{array}{l}\text{carbone} \quad 5,10\ 0/0 \\ \text{manganèse}\ 7,1\ \text{»}\end{array}\right)$ mais renferme beaucoup moins de manganèse, ne donne pour chaleur spécifique que :
$$\frac{338,70}{1450} = 0,233$$

La différence $0,245 - 0,233 = 0,012$ de chaleur spécifique correspondrait à : $5.4 - 5,1 \ = 0,3 \quad 0/0$ de carbone en moins et à : $50 - 7,1 \ = 42,9 \quad 0/0$ de manganèse en plus ; or $0,3\ 0/0$ de carbone en moins correspondent à une diminution de $0,3 \times 0,00285 = 0,000855$ de chaleur spécifique.

Par conséquent, à teneur égale de carbone, la chaleur spécifique de la fonte spéculaire eût été :
$$0,233 + 0,000855 = 0,233855$$
et la différence avec la chaleur spécifique du ferro-manganèse fût devenue :
$$0,245 - 0,233855 = 0,011145$$
entièrement attribuable aux $42,9\ 0/0$ de manganèse en plus, ce qui correspondrait à un accroissement de chaleur spécifique égal à : $\dfrac{0,011145}{42,9} = 0,000265$ par $1\ 0/0$ d'augmentation de manganèse.

La fonte Harrington n° I $\left(\begin{array}{l}\text{à}\ 4,07\ 0/0\ \text{carbone total} \\ \text{et}\ 4,1\ \text{»}\quad\text{silicium}\end{array}\right)$ de l'expérience n° 13, nous ayant donné $C_i = 330,25$, sa chaleur spécifique serait :
$$\frac{330,25}{1450} = 0,228.$$

Si cette fonte ne renfermait que son carbone seulement, sa teneur étant de $4,07 - 2,7 = 1,37\ 0/0$ plus élevée que celle de la fonte de Suède, l'accroissement de chaleur spécifique qui en devrait résulter serait de :
$$1,37 \times 0,00285 = 0,0039$$
et sa chaleur spécifique deviendrait :

$$0,217 + 0,0039 = 0,2209$$

au lieu de 0.228 que nous avons trouvé ; la différence :
$0,228 - 0,2209 =$ soit $0,007$ provient donc des $4,1 - 0,46$
$= 3,64$ 0/0 de silicium qu'elle renferme en plus ; ce qui
correspondrait à environ

$$\frac{0.007}{3,64} = 0,00192$$

d'accroissement de chaleur spécifique par 1 0/0 de teneur
en silicium.

Quant au phosphore et au soufre, leur influence sur l'élévation de la chaleur spécifique est plus difficile à mettre en
évidence parce que dans les fontes sur lesquelles ont porté
nos expériences calorimétriques, ces corps n'existent soit qu'en
quantité assez faible, soit en mélange avec d'autres corps
étrangers en plus forte proportion qu'eux et probablement
encore avec des métaux terreux non dosés ; mais si la loi de
Wœstyn (1) s'étend aux composés du fer, ce qui n'est guère
douteux, la présence du phosphore et du soufre dans la fonte
doit augmenter la chaleur spécifique de cette dernière.

Cependant, tous ces divers éléments étrangers pouvant
former entre eux, dans la fonte ou avec la fonte, des composés
modifiant la constitution moléculaire, la densité de cette
dernière, on conçoit qu'il ne résulte pas nécessairement de
la présence de ces éléments dans la fonte une augmentation
de sa chaleur spécifique, puisque en général la chaleur spécifique d'un même corps dépend aussi de sa constitution moléculaire et qu'à une augmentation de densité correspond une
diminution de chaleur spécifique.

Si l'on a comparé les chaleurs spécifiques citées en premier
lieu et trouvées par Regnault sur le fer et la fonte blanche à
celles que nous venons de déterminer précédemment, on a

---

(1) L'atome du corps simple garde, dans le corps composé où il s'introduit, sa propre chaleur spécifique.

dû être frappé de la différence considérable qui existe entre ces chiffres et qui provient de ce que ceux que Regnault a obtenus correspondent à des températures comprises entre 0 et 100°, sur du métal à l'état solide, tandis que les nôtres sont relatifs à une température d'environ 1450° et sur du métal à l'état liquide; or, une loi générale en physique est que pour un même corps, pris sous le même état, la chaleur spécifique croît avec la température, et, ce qui en est la conséquence, pour un même corps la chaleur spécifique est plus grande à l'état liquide qu'à l'état solide.

Ici se pose la question suivante : dans les variations de la chaleur spécifique de la fonte avec sa température, quelle marche suivent les accroissements de l'une en fonction de l'autre ?

La solution de cette question nous permettrait de déterminer les températures T_l, T_p, T_s respectivement correspondantes aux valeurs C_l, C_p, et C_s trouvées précédemment par nos expériences calorimétriques, et par suite de rechercher : 1° si une fonte, ou un des mélanges de fontes essayés, étant amenée en fusion dans un appareil capable de produire une température maximum T_l donnée, possédera une quantité de chaleur C_l assez supérieure à C_p pour que sa coulée en pièces d'épaisseur déterminée soit possible.

2° A quelle plus haute température pourra être exposée, dans son emploi, une des fontes de nos essais calorimétriques précédents, sans atteindre son point de ramollissement correspondant à T_s et à C_s; ou bien quelle sera celle de ces fontes ou mélanges de fontes qui résistera le mieux dans son exposition à une température donnée?

Pour répondre à la question posée plus haut, déjà nous pouvons observer que Regnault a trouvé :

0,1098 pour chaleur spécifique du fer doux entre 0 et 100°
0,1255 pour chaleur spécifique du fer doux entre 0 et 350°
soit une différence de $0,1255 - 0,1098 = 0,0157$ pour un

écart $350 - 100 = 250°$ de température, ou

$$\frac{0,0157}{250} = 0,000063 \text{ par } 1 \text{ degré};$$

que Poisson a trouvé que la chaleur spécifique moyenne du fer est de 0,171 entre 0 et 1000°, soit une différence de $0,171 - 0,1098 = 0,0612$ pour un écart de $1000 - 100 = 900°$, de température, ou

$$\frac{0,0612}{900} = 0,000068 \text{ par } 1 \text{ degré,}$$

et que nous avons trouvé sur de l'acier demi-doux (à 0,6 0/0 de carbone) : 0,211, entre 45° et 1450°.

Si de ce chiffre nous retranchons $0,00285 \times 0,6 = 0,00171$ pour l'accroissement de chaleur spécifique dû aux 0,6 0/0 de carbone, il nous restera : $0,211 - 0,00171 = 0,20929$ comme chaleur spécifique du fer pur à 1,450°, soit une différence de :

$0,20929 - 0,1098 = 0,09949$ pour

$1450 - 100 \quad = 1350°$ d'écart de température,

ou $\dfrac{0,09949}{1350} = 0,000073$ par 1 degré, de 0 à 1450°.

Donc, les accroissements de la chaleur spécifique par 1° de différence de température, et comptés depuis 0°, vont en progressant à mesure que les températures s'élèvent.

Comme nous possédons assez d'éléments, déterminons la relation qui existe entre les températures et les chaleurs spécifiques correspondantes.

Pour cela, portons sur une ligne AB, (fig. 4) à une échelle quelconque et à partir du point A, des longueurs AC, AD, AE, AF égales aux températures 100°, 350°, 1000°, 1450°, et, en chacun des points C, D, E, F ainsi obtenus, élevons des ordonnées respectivement égales, à une échelle quelconque, aux chaleurs spécifiques correspondant à ces températures :

$$CG = 0,1098$$
$$CH = 0,1255$$
$$EI = 0,171$$
$$FK = 0,20929.$$

La ligne GHIK réunissant l'extrémité de ces ordonnées figurera graphiquement la relation existant entre les températures et les chaleurs spécifiques correspondantes.

Fig. 4

Fer doux ⎰ Relation des chaleurs spécifiques
⎱ aux températures

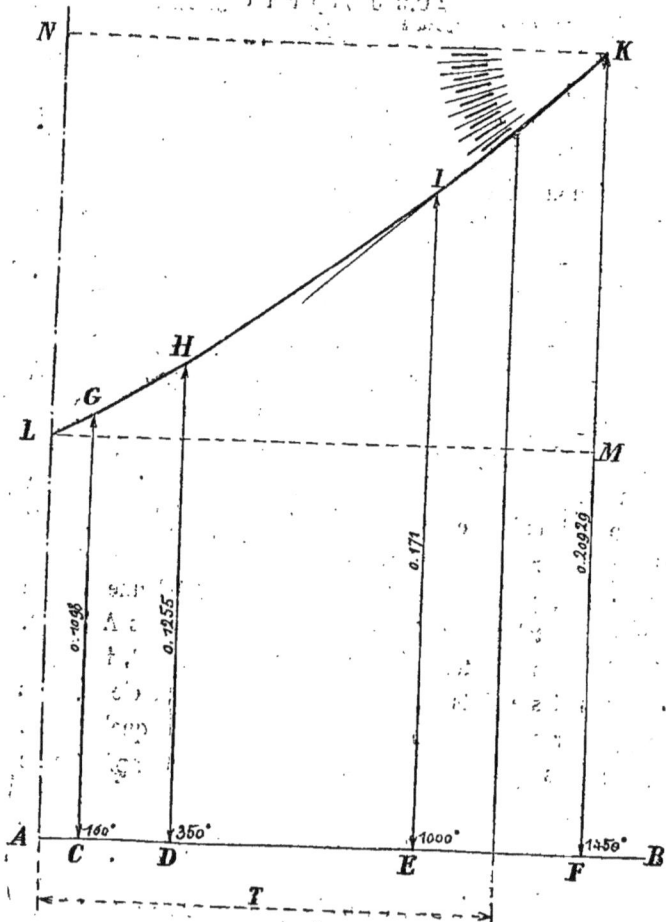

Si cette ligne GHIK était droite, la longueur AL étant égale à la chaleur spécifique du fer doux à 0°, pour du fer à une température T, par exemple, on trouverait que sa chaleur spécifique correspondante est égale à :

$$AL + T \left(\frac{MK}{LM} \right) = AL + T \text{ tangente angle KLM}$$

ou bien à :

$$FK - (1450° - T) \left(\frac{LN}{LK} \right) = FK - (1450° - T) \text{ tg NKL.}$$

Mais la ligne LGHIK ayant des ordonnées dont les accroissements deviennent plus élevés à mesure que les abscisses (températures) augmentent, n'est pas une ligne droite, elle présente au contraire une courbure devant tourner sa convexité vers l'axe AB.

Quoi qu'il en soit, cette ligne de relation LGHIK, de très faible courbure, diffère assez peu de la ligne droite dans sa partie IK pour que nous puissions la considérer comme telle dans cette partie relative aux températures que nous aurons à rechercher ; car il faut bien reconnaître qu'ici, il est moins question d'obtenir une précision absolue pouvant fournir à des physiciens des éléments rigoureux, que d'arriver à des chiffres suffisamment approchés pour les calculs pratiques auxquels doit se livrer tout industriel voulant se rendre compte des fontes qu'il emploie.

Si donc, à la partie IK de la courbe de relation des températures aux chaleurs spécifiques, nous substituons une ligne droite, la tangente de l'angle NKI sera égale à :

$$\frac{0,20929 - 0,171}{1450 - 1000} = 0,000085,$$

ce qui nous donne l'accroissement moyen, par 1°, de la chaleur spécifique entre 1000 et 1450° ; et la chaleur spécifique correspondant à la température T sera :

$$FK - (1450 - T) \text{ tg. NKI} = 0.20929 - (1450 - T) 0.000085$$
$$= 0.08604 + 0.000085T,$$

et comme à cette même température T, la quantité de chaleur C possédée par 1^k de fer est égale au produit de cette température par la chaleur spécifique correspondante, on aura :

$$C = (0,08604 + 0,000085T)T$$

d'où

$$T = -\frac{0.08604}{2 \times 0.000085} \pm \sqrt{\frac{0,08604^2}{(2 \times 0.000085)^2} + \frac{C}{0.000085}}.$$

Finalement, on trouve :

$$T = 5,882 \sqrt{0,0074 + 0,00034C} - 506.$$

La courbe de relation LGHIK des chaleurs spécifiques avec les températures est relative à du fer doux ; resterait-elle semblable si elle devait s'appliquer à des fers plus ou moins carburés ?

Cela serait admissible si la différence existant entre la chaleur spécifique à 100° et à 1450° pour du fer plus ou moins carburé (acier et fonte) demeurait à peu près constante et égale à celle 0.09949 qui correspond à la différence FK — CG des ordonnées FK et CG dans la courbe de relation obtenue pour le fer doux.

Les recherches calorimétriques précédentes permettent bien de déduire la chaleur spécifique vers 1450° des différents aciers et fontes sur lesquels ont porté ces expériences ; mais leur chaleur spécifique à 100° nous étant inconnue, de nouvelles recherches devinrent nécessaires pour la déterminer.

Pour les exécuter, j'employais d'une part de l'eau de pluie maintenue en ébullition dans un vase et y plongeais les fontes et aciers desquels je recherchais la chaleur spécifique, afin de les amener exactement à la température 100° ; d'autre part, je fis usage des mêmes calorimètres que ceux qui me servirent en dernier lieu à la détermination des valeurs C_p, C_s, C_l ; seulement au lieu de $6^k,46$ d'eau, je n'en employais plus que $3^k,23$ dans ces calorimètres et au lieu d'environ $0^k,50$ de métal, j'en pris $2^k,50$ environ ; cela, afin d'obtenir une élévation de température assez notable de l'eau du calorimètre et, par suite, un degré assez élevé d'approximation dans la détermination des chaleurs spécifiques cherchées.

Le tableau ci-contre donne les éléments et les résultats de ces expériences.

t_0' est la température initiale de l'eau des calorimètres.

t' — — finale.

Q' est le poids d'eau employé augmenté de l'équivalent en eau du métal des calorimètres.

q' est le poids de l'acier ou de la fonte projetée dans les calorimètres.

Ainsi, dans ces neuf expériences, la plus grande différence trouvée entre les chaleurs spécifiques à 1450° et 100° est de 0,1015, et elle est donnée par la fonte Harrington; la plus faible différence est de 0,0938, et elle est donnée par le mélange 70 pour cent fonte provenant d'hématites et 30 pour cent fonte brûlée. L'écart existant entre ces différences de chaleurs spécifiques à 1450° et à 100°, et la même différence relative au fer doux est : 0,1015 — 0,09949 = 0,00201 en plus, dans la fonte Harrington et 0,09949 — 0,0938 = 0,00569 en moins (1) dans le mélange de 70 pour cent fonte hématite et 30 pour cent fonte brûlée.

De sorte que si l'on traçait pour chacun de ces aciers et fontes la ligne de relation entre leur température et leur chaleur spécifique, l'ordonnée correspondant à la température 1450° étant pour la fonte Harrington, par exemple :

$$FP = 0,228, \qquad (\textit{fig. 5.})$$

l'ordonnée correspondant à la température 100° étant

$$CQ = 0,1265,$$

on aurait :

---

(1) En présence d'écarts aussi faibles, je n'ai pas cru devoir étendre ces recherches assez minutieuses, de la chaleur spécifique vers 100°, aux autres aciers et fontes sur lesquels avaient porté les expériences décrites précédemment.

DÉSIGNATION du MÉTAL	t'_0	t'	$t'' - t'_0$	Q	q'	CHALEUR SPÉCIFIQUE entre t' et 100° $\frac{(t'-t'_0)Q'}{q'(100°-t')} = \gamma'$	CHALEUR SPÉCIFIQUE entre t et 1450° $\frac{(t-t_0)Q}{q(1450°-t)} = \gamma$	DIFFÉRENCE entre ces chaleurs spécifiques $\Delta = \gamma - \gamma'$
Acier à 0,6 0/0 C.	12°7	21°4	8°7	3k,542	3k,542	0,1107	0,211	0,1003
Acier à 1,8 0/0 C.	12°6	20°8	8°2	3k,54	3k,209	0,1142	0,215	0,1008
Fonte blanche Suède.	13°1	20°3	7°2	3k,538	2k,743	0,1165	0,217	0,1005
Fonte trempante Gruson.	13°2	19°8	6°6	3k,542	2k,	0,1245	0,221	0,0965
Fonte hématite n° III	13°5	22°6	9°1	3k,54	3k,252	0,128	0,226	0,098
Fonte Harrington n° I.	13°2	20°3	7°1	3k,538	2k,491	0,1265	0,228	0,1015
Fonte Esch n° III.	13°3	21°4	8°1	3k,542	2k,807	0,13	0,225	0,095
Fonte Coltness n° I.	13°1	20°8	7°7	3k,54	2k,742	0,1255	0,221	0,0955
Mélange 70 0/0. Hématite n° 3 et 30 0/0 fonte brûlée.	13°1	16°8	3°7	3k,538	1k,257	0,1252	0,219	0,0938

$$FP - FK = PK = 0,228 - 0,20929 = 0,0187$$
$$CQ - CG = GQ = 0,1265 - 0,1098 = 0,0167$$

d'où
$$PK - GQ = 0,0187 - 0,0167 = 0,002$$

Fig. 5

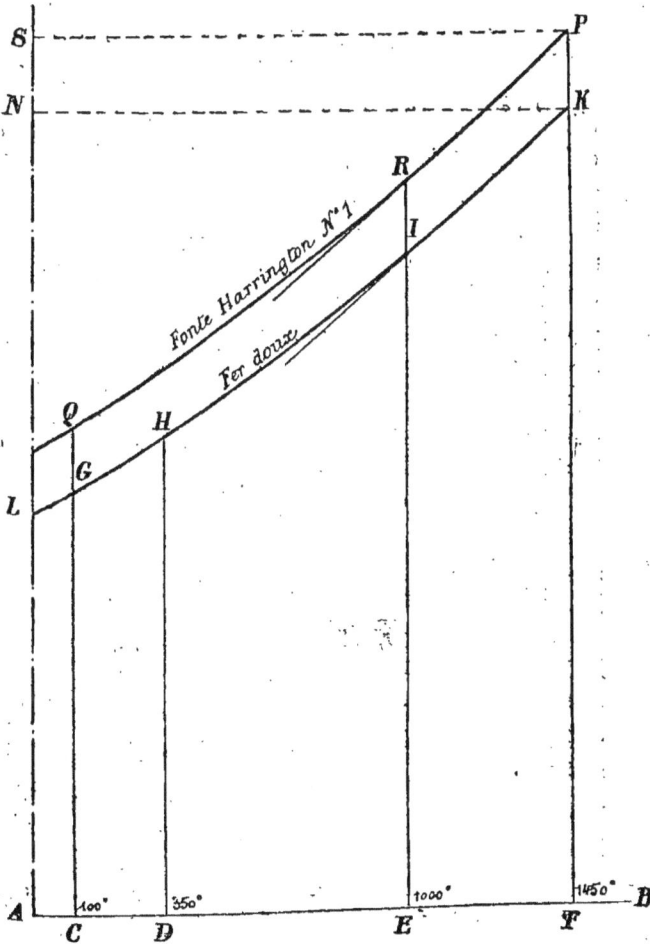

Évidemment ce faible écart 0,002 entre la différence des ordonnées extrêmes FP et FK, CQ et CG n'est pas négligeable;

5

mais comme les températures de ramollissement du métal et de fusion, températures que nous voulons déterminer, doivent approximativement se trouver comprises entre 900 et 1450°, et correspondre à la partie EF de l'abscisse, l'influence de cet écart dans la partie RP de la courbe de relation des températures aux chaleurs spécifiques, pour la fonte Harrington, doit être excessivement minime et peut être négligée. Il en résulte que l'élément RP peut être considéré comme parallèle à l'élément IK de la ligne de relation des températures aux chaleurs spécifiques du fer doux et par suite que :

$$\text{angle SPR} = \text{angle NKl,}$$

par conséquent tang. SPR = tang. NKI = 0,000085.

Pour cette fonte Harrington, la chaleur spécifique correspondant à la température T sera :

$$FP - (1450 - T) \text{ tang. SPR} = 0,228 - (1450 - T) 0,000085$$
$$= 0,10475 + 0,000085 \, T,$$

et comme la quantité de chaleur C possédée par 1 kilog. de cette fonte à la température T est égale au produit de cette température par la chaleur spécifique correspondante,

$$C = (0,10475 + 0,000085T)T$$

d'où

$$T = - \frac{0.10475}{2 \times 0,000085} \pm \sqrt{\frac{104,750^2}{(2 \times 0,000085)^2} + \frac{C}{0,000085}}$$

$$T = 5882 \sqrt{0,011 + 0,00034C} - 616.$$

Ayant trouvé (expérience n° 13) pour la quantité de chaleur C_s contenue dans cette fonte à l'origine de sa solidification, ou au point à partir duquel commence son ramollissement, quand on part de l'état solide

$$C_s = 229^c,87,$$

la température T_s correspondant à cette origine sera :

$$T_s = 5882 \sqrt{0,011 + (0,00034 \times 229,87)} - 616 = 1139°77.$$

Ainsi 1139°77 correspond, pour la fonte Harrington n° I, à la fin de son état solide, ou au commencement de son ramollissement ou fusion pâteuse.

La même expérience (n° 13) nous a donné pour quantité de chaleur C_p contenue dans cette fonte à l'origine de son empâtement, ou au point à partir duquel commence sa liquéfaction, quand on part de l'état solide : $C_p = 243^c,35$, la température T_p correspondant à cette origine sera :

$$T_p = 5882 \sqrt{0,011 + (0,00034 \times 243,35)} - 616 = 1183°9,$$
soit 1184°.

Ainsi 1184° correspond, pour la fonte Harrington n° I, à la fin de son état pâteux ou fusion pâteuse et au commencement de sa fusion liquide.

De même si, sur la représentation graphique relative au fer doux, de la loi de variation des chaleurs spécifiques avec les températures, déterminée précédemment, nous portons (fig. 6) l'ordonnée $FU = 0,219$ correspondant à la température 1450° pour le mélange 70 0/0 fonte d'hématites avec 30 0/0 fonte brûlée, et l'ordonnée $CX = 0,1252$ correspondant à la température 100° de ce mélange de fontes, nous aurons :

$$FU - FK = KU = 0,219 - 0,20929 = 0,00971$$
$$CX - CG = GX = 0,1252 - 0,1098 = 0,0154$$
$$GX - KU = 0,0154 - 0,00971 = 0,0057.$$

Cet écart : 0,0057, entre la différence des ordonnées extrêmes FU et FK, CX et CG, bien qu'assez sensible est cependant encore négligeable dans la partie de la ligne de relation des chaleurs spécifiques aux températures correspondant à l'abscisse EF; il en résulte que l'élément VU peut être considéré comme parallèle à l'élément IK et par suite que
angle YUV = angle NKI,
par conséquent   tang. YUV = tang. NKI = 0,000085.

Pour ce mélange de fontes, la chaleur spécifique correspondant à la température T sera :

$$FU - (1450° - T) \text{ tang. } YUV = 0,219 - (1450 - T)0,000085:$$
$$= 0,09575 + 0,000085T,$$

et la quantité de chaleur C possédée par 1 kilog. de ce

mélange de fontes à la température T sera :

$$C = (0,09575 + 0,000085T)\,T.$$

Fig. 6

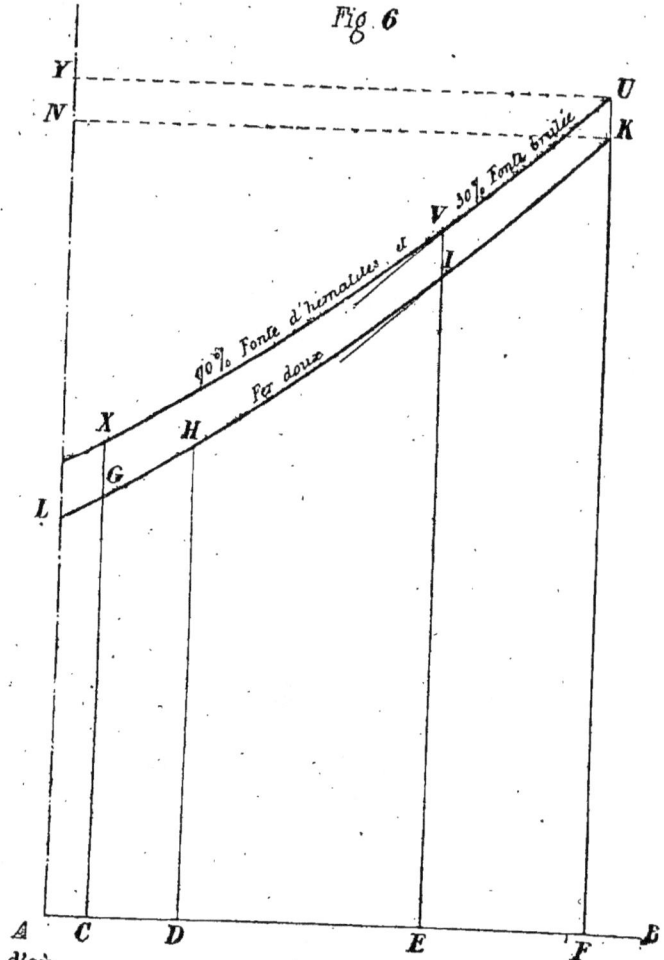

d'où

$$T = \frac{-0,09575}{2 \times 0,000085} \pm \sqrt{\frac{0,09575^2}{(2 \times 0,000085)^2} + \frac{C}{0,000085}}$$

$$T = 5882\,\sqrt{0,00917 + 0,00034C} - 563.$$

Dans l'expérience n° 9 nous avons trouvé que la quantité de chaleur C_s contenue dans le mélange de fontes : 70 0/0 fonte d'hématites et 30 0/0 fonte brûlée, à l'origine de sa solidification ou au point à partir duquel commence son ramollissement, en partant de l'état solide, est : $C_s = 247°45$. La température correspondant à cette origine sera :

$$T_s = 5882 \sqrt{0,00917 + (0,00034 + 247,45)} - 563 = 1233°.$$

Ainsi 1233° correspond pour ce mélange de fontes à la fin de son état solide ou au commencement de son ramollissement ou fusion pâteuse.

La même expérience nous a donné pour quantité de chaleur C_p contenue dans ce mélange de fontes à l'origine de son empâtement, ou au point à partir duquel commence sa liquéfaction, quand on part de l'état solide, $C_p = 255,8$.

La température T correspondant au passage de l'état pâteux à l'état liquide sera :

$$T_p = 5882 \sqrt{0,00917 + (0,00034 + 255,8)} - 563 = 1260°.$$

Ainsi 1260° est, pour ce mélange de fontes, la température correspondant à la fin de son état pâteux et au commencement de son arrivée à l'état fluide.

La fonte Harrington et le mélange 70 0/0 fonte d'hématites avec 30 0/0 en fonte brûlée étant celles qui dans les neuf dernières expériences, ayant pour but la recherche de la chaleur spécifique à 100°, ont donné les différences

$$\Delta = \gamma - \gamma'$$

les plus considérables ; si, pour ces fontes, nous avons pu admettre que leur ligne de relation des chaleurs spécifiques aux températures est parallèle, dans sa partie correspondant à l'abcisse EF, à l'élément IK de la même ligne de relation pour le fer doux, nous devrons également admettre le même parallélisme pour les lignes de même relation dans les autres fontes de ces neuf expériences ; et en général de toutes les autres fontes dans lesquelles le fer est le métal dominant et existe dans la proportion d'au moins 90 0/0.

Donc, en reprenant successivement chacune des valeurs C_i trouvées pour les différentes sortes de fontes et aciers sur

Fig. 2

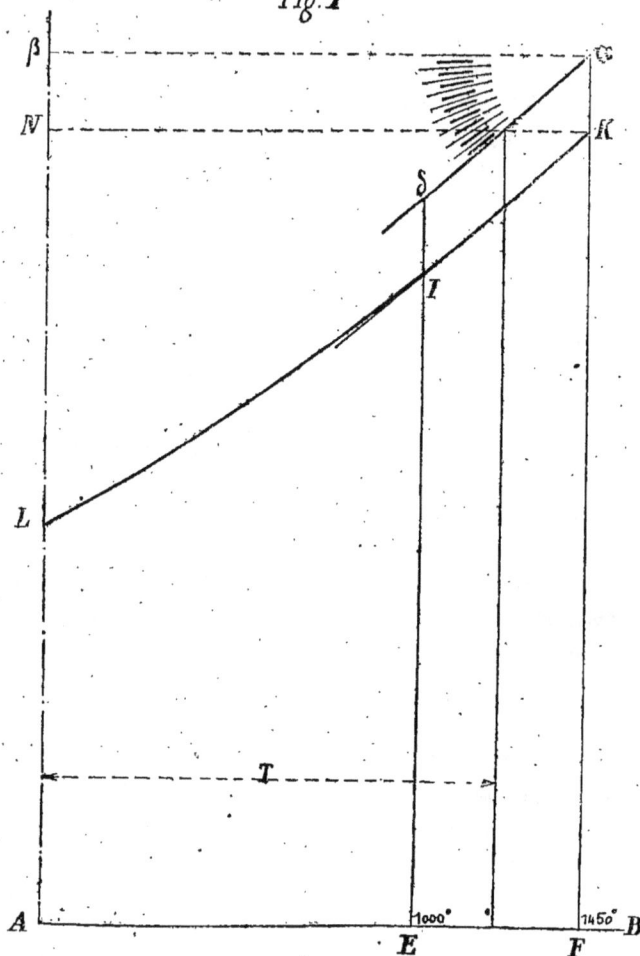

lesquelles ont porté nos expériences, puis divisant par 1450° ces valeurs C_i, nous obtiendrons les chaleurs spécifiques γ de

ces aciers et fontes vers 1450° et ces chaleurs spécifiques nous donneront l'ordonnée Fα *(fig. 7)* correspondant à chaque sorte de fonte.

La ligne αδ de représentation de la décroissance des valeurs γ par rapport à T étant sensiblement droite et parallèle à KI, on aura :

$$\text{angle } \delta\alpha\beta = \text{angle IKN}$$
$$\text{et tang. } \delta\alpha\beta = \text{tang. IKN} = 0{,}000085.$$

La chaleur spécifique correspondant à la température T sera:

$$\gamma - (1450° - T) \text{ tang. IKN} = \gamma - (1450 - T)\,0{,}000085.$$

De ce que la quantité de chaleur C possédée par 1 kilog. de ces fontes et aciers à la température T est :

$$C = T\,[\gamma - 0{,}000085\,(1450 - T)]$$

nous en déduirons:

$$T = -\left(\frac{\gamma - (0{,}000085 \times 1450)}{2 \times 0{,}000085}\right)$$
$$\pm \sqrt{\left(\frac{\gamma - (0{,}000085 \times 1450)}{2 \times 0{,}000085}\right)^2 + \frac{C}{0{,}000085}}$$

et après réductions faites :

$$T = -\left(\frac{\gamma}{0{,}00017} - 723\right)$$
$$+ 5882 \sqrt{(\gamma - 0{,}123)^2 + 0{,}00034\,C}$$

et puisque
$$\gamma = \frac{C_l}{1450}$$

$$T = -\left(\frac{C_l}{1450 \times 0{,}00017} - 723\right)$$
$$+ 5882 \sqrt{\left(\frac{C_l}{1450} - 0{,}123\right)^2 + 0{,}00034\,C}$$

ou
$$T = -\left(\frac{C_l}{0{,}2465} - 723\right)$$
$$+ 5882 \sqrt{\left(\frac{C_l}{1450} - 0{,}123\right)^2 + 0{,}00034\,C}$$

Dans cette équation donnant la valeur de T en fonction de C, il suffira de remplacer C par les valeurs de C_p et C_s trouvées pour les différentes sortes de fontes et aciers pour déterminer les températures T_p et T_s correspondant, dans ces fontes et aciers, à leur point de ramollissement ou au commencement de leur fusion pâteuse T_s et à leur point de fusion liquide ou fin de fusion pâteuse T_p.

Cette détermination de T_p et T_s faite, nous pourrons réunir ces valeurs dans le tableau suivant (p. 73).

Ce tableau comprend, en regard du métal essayé dans chacune des expériences, la densité moyenne de ce métal et son retrait moyen par mètre courant, densité et retrait obtenus sur deux barreaux carrés de 40 $^m/_m$ de côté coulés verticalement, et en même temps, dans des moules en sable séché, avec chacune des fontes sur lesquelles ont porté ces expériences.

Il se dégage de la comparaison des chiffres de densité et de retrait avec les températures de solidification ou de ramollissement du métal, qu'en général (sauf pour le spiegel) ces densités et retraits s'élèvent avec la température de solidification, sans toutefois que les uns puissent servir d'indices pour la détermination des autres, à cause des irrégularités ou anomalies assez considérables qui se sont présentées sur les deux barreaux coulés cependant dans ces conditions identiques. Par es soufflures plus ou moins grandes et nombreuses (surtout dans les expériences n° 9) on peut s'expliquer les irrégularités de densité ; mais les irrégularités dans le retrait trouveraient plus difficilement une explication satisfaisante.

Les fontes qui dans leur emploi doivent résister sans déformation aux températures élevées auxquelles elles sont soumises, peuvent donc se classer, d'après ce tableau, dans l'ordre suivant de résistance au feu, d'après la température la plus haute correspondant à l'origine de leur fusion pâteuse. Et, au contraire, les fontes les plus chaudes, c'est-à-dire

NUMÉRO D'ORDRE des expériences	DÉSIGNATION DU MÉTAL	QUANTITÉS DE CHALEUR			TEMPÉRATURE correspondant à		CHALEUR SPÉCIFIQUE vers 1450°	Densité du métal	Retrait par mètre depuis sa coulée jusqu'à son refroidissement.
		C	C_p	C	T_e, début de la fusion pâteuse du commencement du ramollissement	T_p, début de la fusion liquide ou fin de la fusion pâteuse			m/m
2	Fonte n° I d'hématite . . .	243°	260°	331°	1179°	1237°	0,2285	6,74	7,4
3	Fonte n° III d'hématite . .	241°,8	256°,7	328°	1185°	1232°	0,2262	6,97	10,5
4	Acier demi-doux à 0.6 0/0 C.	279°	285°,8	306°	1364°	1387°	0,211	7,40	17,4
5	Acier très dur à 1.5 0/0 C.	260°	273°	309°	1309°	1350°	0,2131	7,43	16,5
6	Acier extra dur à 1.75 0/0 C.	252°	266°,8	313°	1258°	1306°	0,2158	7,51	15,7
7	Fonte blanche de Suède . .	244°	256°	315°	1226°	1267°	0,2174	7,42	19,4
8	Fonte trempante de Gruson.	221°	252°	320°	1136°	1236°	0,2206	7,1	12,8
9	Fonte n° III d'hématite mélangée avec 10 0/0 fonte brûlée.	227°	252°,7	328°	1132°	1220°	0,2265	7,04	10,6
»	Fonte n° III d'hématite mélangée avec 20 0/0 fonte brûlée.	237°	254°	325°	1178°	1234°	0,2242	7,09	11,4
»	Fonte n° III d'hématite mélangée à 30 0/0 fonte brûlée. .	247°	255°,8	317°,8	1231°	1257°	0,2192	7,085	12,4
»	Fonte n° III d'hématite mélangée à 50 0/0 fonte brûlée.	249°,7	256°,6	315°	1245°	1269°	0,2172	7,48	14,8
10	Ferro-manganèse à 50 à 55 0/0 Mn.	261°,9	295°,9	356°,5	1141°	1270°	0 2458		
11	Spiegel à 7,1 0/0 Mn. . . .	211°	242°,7	338°,7	1054°	1158°	0,2336	7,35	14,9
12	Spiegel mélangé avec 50 0/0 fonte n° III d'hématite . .	206°,9	249°,4	333°	1049°	1196°	0,2296	7,37	15,6
13	Fonte Harrington n° I . . .	229°,8	243°	330°	1140°	1184°	0,2277	7,02	10,4
14	Fonte Coltness n° I	227°	253°	321°,4	1154°	1236°	0,2216	7,07	11,3
15	Fonte Calder n° I	225°,8	248°,9	328°,7	1121°	1207°	0,2267	6,88	10,9
16	Fonte Clarence n° III . . .	216°	251°,	314°,8	1129°	1247°	0,2171	7,01	11,8
17	Fonte Eston n° III.	214°	247°	317°.	1119°	1231°	0,2187	6,95	11,8
18	Fonte Esch n° III	226°	251°,5	327°	1135°	1219°	0,2255	6,90	10,8
19	Fonte Ottange n° III. . . .	224°,4	248°	324°	1137°	1215°	0,2235	7,04	10,9
20	Mélange de 30 0/0 fonte hématite, n° III 20 0/0 Coltness n° I, 20 0/0 Esch n° III et 30 0/0 Bocages	213°,4	238°,5	286° [1]	1097°	1183°	0,2238	6,75	10,7
21	Même mélange que le précédent.	220°,9	251°,7	324°	1124°	1224°	0,2238	6,97	11,2

[1] Dans l'expérience n° 20, effectuée sur dé la fonte liquéfiée au cubilot, si l'on admet que la chaleur spécifique de cette fonte, vers 1450°, soit de 0.2238, comme celle du même mélange mis en fusion en creusets, dans l'expérience n° 21, on trouve que la température de fusion T_v correspondant à C_l = 286 calories, est de T_l = 1333.

ORDRE DE RÉSISTANCE à la déformation PAR FUSION PATEUSE	TEMPÉRATURE d'origine de fusion pâteuse	ORDRE DE FUSION LIQUIDE	TEMPÉRATURE d'origine de fusion liquide
Acier demi-doux à 0,6 0/0 C.	1364°	Fonte Harrington n° I. . . .	1184°
Acier très dur à 1,5 0/0 C .	1309°	Fonte Calder. n° I.	1207°
Acier extra dur à 1,75 0/0 C.	1258°	Fonte Ottange n° III.	1215°
Mélange fonte n° III hém. et 50 0/0 fonte brûlée	1245°	Fonte Esch n° III.	1219°
Mélange fonte n° III hém. et 30 0/0 fonte brûlée. . . .	1231°	Fonte hématite n° III et 10 0/0 fonte brûlée	1220°
Fonte blanche Suède	1226°	Fonte mélange n° 21	1224
Fonte n° III d'hématite . . .	1185°	Fonte Eston n° III	1231°
Fonte n° I d'hématite. . . .	1179°	Fonte d'hématite n° III. . .	1232°
Fonte n° III d'hématite et 20 0/0 fonte brûlée. . . .	1178°	Fonte hémat. n° III et 20 0/0 fonte brûlée	1234°
Fonte Coltness n° I.	1154°	Fonte Coltness n° I	1236°
Fonte Harrington n° I. . . .	1140°	Fonte trempante de Gruson .	1236°
Fonte Ottange n° III	1157°	Fonte d'hématite n° I . . .	1237°
Fonte trempante Gruson. . .	1136°	Fonte Clarence n° III	1247°
Fonte Esch n° III.	1135°	Fonte hématite n° III et 30 0/0 fonte brûlée	1257°
Fonte n° III d'hématite et 10 0/0 fonte brûlée. . . .	1132°	Fonte blanche Suède.	1267°
Fonte Clarence n° III	1129°	Fonte hématite n° III et 50 0/0 fonte brûlée	1269°
Mélange n° 21	1124°	Acier extra dur à 1,75 0/0 C.	1306°
Fonte Calder n° I.	1121°	Acier très dur à 1,5 0/0 C. .	1350°
Fonte Eston n° III	1119°	Acier demi-doux à 0,6 0/0 C.	1387°

celles qui peuvent le mieux fournir des objets coulés à mince épaisseur devront se classer dans l'ordre suivant des températures les plus faibles à l'origine de leur fusion liquide, après leur passage par l'état pâteux (p. 74).

En résumé, au point de vue des températures d'origine de fusion liquide des fontes, et par suite de l'emploi possible de ces fontes à des moulages minces et délicats, nous voyons qu'entre la fonte Harrington fusible à la plus basse température, 1184°, et l'une des fontes dont la température de fusion est la plus élevée, la fonte Clarence n° III, par exemple, il n'existe qu'un écart de température de 1247° — 1184° = 63°, sur environ 1250°.

Si l'on considère la difficulté qui existe à saisir l'instant précis de l'origine de fusion liquide du métal, dans les expériences calorimétriques ayant servi de point de départ à la détermination de ces températures, on comprendra qu'il suffit que la fonte Harrington ait été projetée dans le calorimètre quelque peu après son passage de l'état liquide à l'état pâteux et qu'au contraire la fonte Clarence n° III ait été versée dans le calorimètre quelque peu avant son passage de l'état liquide à l'état pâteux pour qu'il soit possible que l'écart trouvé : 63° de température, soit encore supérieur à ce qu'il est réellement; aussi, en présence d'écarts aussi faibles pour des fontes de natures aussi diverses, n'est-il pas étonnant qu'en fonderie règne la plus grande incertitude dans le choix des fontes à employer quand l'on doit produire des pièces d'épaisseur minime. Cela prouve aussi que la plupart des fontes, de quelque minerai qu'elles proviennent, sont aptes à fournir des moulages minces et délicats, si l'on règle la marche de l'appareil de fusion de façon à communiquer à ces fontes le degré de chaleur voulu.

Ainsi, dans notre expérience n° 20 (n° 20 a) relative à un mélange de :

30 0/0 fonte d'hématite n° III;

20 0/0 Coltness n° 1 ;

20 0/0 Esch n° III ;

30 0/0 Bocages ;

mis en fusion dans un cubilot de $0^m,60$ de diamètre aux tuyères, nous avons obtenu une valeur

$$C_l = 286 \text{ calories,}$$

correspondant à la température

$$T_l = 1333°,$$

en consommant 8 0/0 de coke et marchant avec du vent à la pression de $0^m,50$ (en hauteur d'eau).

(N° 20 b.) Le même mélange de fonte traité dans le même cubilot, avec la même pression de vent, mais avec 11 0/0 de coke, a produit de la fonte ayant pour valeur (moyenne de 3 expériences) :

$$C_l = 296,4 \text{ calories,}$$

correspondant à la température

$$T_l = 1364°,$$

(n° 20 c), tandis qu'en réduisant à 7 0/0, la consommation de coke, le même mélange de fontes, traité dans le même cubilot, sous la même pression de vent n'a plus donné que (moyenne de 3 expériences) :

$$C_l = 274,4 \text{ calories,}$$

correspondant à la température

$$T_l = 1300°,$$

(n° 20 d). En réduisant à $0^m,35$ la pression du vent, et consommant 7 0/0 de coke pour mettre en fusion ce même mélange de fontes, dans le même cubilot, la valeur de C_l ne fut plus trouvée que (moyenne de trois expériences) :

$$C_l = 268,6 \text{ calories,}$$

correspondant à la température

$$T_l = 1276°.$$

Dans l'expérience n° 20 a, la fonte liquide convenait parfaitement à la coulée de pièces de 2 à 3 millimètres d'épaisseur.

Dans l'expérience n° 20 c, la fonte liquide était déjà un

peu froide pour la réussite certaine de pièces de 3 millimètres d'épaisseur; mais était encore convenable pour des objets de 4 à 5 millimètres.

Dans l'expérience n° 20 *d*, la fonte liquide n'était plus bonne qu'à la coulée de pièces ayant plus de 5 millimètres d'épaisseur.

(N° 20 *e*.) Et enfin, ce même mélange de fonte liquide, refroidi dans une poche jusqu'à être ramené au point voulu pour la coulée de pièces de 40 millimètres au moins d'épaisseur, ne donna plus que (moyenne de 3 expériences) :

$$C_l = 246 \text{ calories,}$$

ce qui correspond à la température

$$T_l = 1205°.$$

Par les expériences n°s 20 *b* et 20 *c*, nous voyons donc qu'en faisant passer la consommation de coke de 7 à 11 0/0, toutes autres choses égales d'ailleurs, nous avons pu élever la température de la fonte liquide de 1300 à 1364°.

Par les expériences n°s 20 *c* et 20 *d*, nous voyons encore qu'en faisant passer la pression du vent de 0^m,35 à 0^m,50, nous avons encore pu élever de 1276 à 1300° la température de la fonte liquide ; donc, soit par l'augmentation de consommation de coke, soit par l'élévation de la pression, on peut trouver le moyen de corriger une fonte froide et la rendre susceptible d'être coulée en moulages minces.

En passant, remarquons que pour la coulée de pièces de 2 à 3 millimètres d'épaisseur, il faut que la fonte liquide possède au-dessus de son point de fusion liquide :

$$286° - 238°.5 = 47.5 \text{ calories}$$

ou

$$1333° - 1183° = 150°.$$

Pour la coulée de pièces de 4 à 5 millimètres d'épaisseur (dans du sable non étuvé), cette fonte doit posséder, au-dessus de son point de fusion liquide :

$$274^c,4 - 238^c,5 = 35,9 \text{ calories}$$

ou

$$1300° - 1183° = 117°.$$

Pour la coulée d'objets de 5 millimètres, au moins, d'épaisseur (dans du sable non étuvé), cette fonte doit posséder, au-dessus de son point de fusion liquide :

$$268°,6 — 238°,5 = 30,1 \text{ calories}$$
ou
$$1276° — 1183° = 93°.$$

Et enfin pour la coulée de pièces de 40 millimètres d'épaisseur et au-dessus, il suffit que la fonte possède, au-dessus de son point de fusion liquide :

$$246° — 238°,5 = 7.5 \text{ calories}$$
ou
$$1205° — 1183° = 22°,$$

les moules de ces pièces épaisses étant étuvés.

Les mélanges de fontes avec 30 et 50 0/0 de fonte brûlée conviennent peu, en fonderie, à cause des soufflures auxquelles ces mélanges donnent souvent lieu par la réaction de l'oxyde de fer sur le carbone existant dans la fonte liquide; du reste, ces mélanges n'ont été expérimentés qu'au point de vue de leur résistance au feu; aussi ne nous y arrêterons-nous pas ici.

La fonte blanche, de Suède, spécialement employée pour la production de menus objets, que la décarburation rendra ensuite malléables, doit, pour qu'il soit possible d'obtenir ces objets, être amenée à une température bien supérieure à 1267°, sa température de fusion liquide; aussi, souvent, sa fusion s'opère-t-elle en creusets et est-il nécessaire quand on veut liquéfier cette fonte au cubilot de marcher avec une consommation de coke fort élevée. Ainsi dans une expérience de fusion de cette fonte blanche (de Suède) effectuée au cubilot, en soufflant à $0^m,45$ de pression et consommant 20 0/0 de coke, la valeur de C obtenue fut trouvée :

$$C_l = 300,19 \text{ calories},$$

ce qui correspond à la température $T_l = 1402°$.

Cette température est donc de :

$$1042° — 1267° = 135° \text{ plus élevée}$$

que la température correspondant au point de fusion liquide

de cette fonte ; à cette température 1402° et pourvu qu'il n'y ait aucune perte de temps dans le transport du cubilot aux moules, cette fonte permet d'obtenir des objets très minces et délicats.

En général, dans les fonderies pour fonte malléable, quand on a des objets tout à fait minces à produire, on préfère employer cette même sorte de fonte; mais un peu plus carburée. On conçoit, en effet, que par suite de l'augmentation de carburation, cette fonte aura son point de fusion liquide à une température moins élevée et se conservera fluide ou chaude un peu plus longtemps; comme d'ailleurs les objets produits sont minces, la décarburation s'opérera quand même ensuite, sans difficulté.

Quant aux aciers renfermant depuis 1,75 0/0 jusqu'à 0,6 0/0 de carbone, et dont la température à l'origine de la fusion liquide est comprise entre 1,306° et 1,387°, on conçoit que pour produire leur fusion au cubilot et obtenir un métal suffisamment liquide et chaud pour pouvoir être coulé dans des moules, il faille arriver par une consommation de coke élevée et une forte pression de vent, à produire la température la plus extrême que le cubilot puisse donner; c'est-à-dire marcher avec un minimum de consommation de coke s'élevant de 20 à 30 0/0 et une pression de vent de 0^{m},50.

Eh bien, dans ces conditions, ce n'est plus de l'acier que l'on obtient pour métal liquide; c'est de la fonte blanche assez irrégulière comme teneur en carbone. Soit par son contact avec un volume relativement élevé de coke, soit par l'atmosphère riche en oxyde de carbone qui doit exister dans le cubilot, le métal se carbure et sort liquide avec une contenance en carbone pouvant dépasser 2,5 0/0; il est très chaud et très fluide, d'autant plus que sa carburation est plus élevée.

Ainsi, dans une expérience de fusion de ferraille de fer au cubilot, avec une consommation de 40 0/0 de coke et

$0^m,55$ de pression de vent, le métal peu chaud au commencement de la fusion donna au calorimètre $C_l = 303$ calories, la température correspondante est $T_l = 1417°$, sa teneur en carbone était de 1,75 0/0 environ. Ce métal coulé sur une épaisseur de 4 à 5 millimètres ne put complètement remplir les moules.

A la fin de la fusion, le métal était beaucoup plus fluide et remplissait parfaitement les moules; mais sa teneur en carbone s'était élevée à 2,6 0/0. Au calorimètre, il donna $C_l = 307$ calories, ce qui correspond à peu près à la température $T_l = 1426°$, qui doit être certainement la température la plus élevée qu'il soit possible d'obtenir au cubilot.

Il résulte de ces expériences que le cubilot ne convient pas à la fusion de l'acier, en premier lieu parce que la température maximum qu'il peut produire est trop faible pour la coulée de moulages minces, et en second lieu, surtout, parce qu'il dénature complètement l'acier et le transforme en fonte peu carburée (1).

Par suite, la fusion en creusets ou dans des fours Siemens-Martin est indispensable à la production des aciers moyennement carburés pour moulages; mais la fusion en creusets, étant d'un prix considérablement élevé, ne peut convenir qu'à de petits objets et à une production restreinte; tandis que le four Siemens-Martin permettant d'obtenir la fusion à bien plus bas prix, et sur une grande quantité de métal à la fois, convient surtout, mais ne peut s'appliquer qu'aux grandes productions.

Au point de vue de la résistance des fontes au feu, en

---

(1) D'après cela, il semble que les fontes spécialement destinées à la production de la fonte malléable, lesquelles doivent être très pures et peu carburées, n'ont pas été produites directement du haut-fourneau; mais doivent ou peuvent être obtenues par la fusion et la carburation au cubilot soit de fers purs, soit d'un mélange de fontes pures et de ferraille provenant de fers de bonne qualité. Cela expliquerait que l'on ne trouve ces fontes brutes, dans le commerce, qu'à des prix fort élevés.

consultant le précédent tableau, nous pouvons reconnaître que la différence présentée par des fontes cependant de natures bien diverses, est asssez faible.

En effet, depuis la fonte Eston n° III, la moins réfractaire, jusqu'à la fonte n° III d'hématite, l'une des plus réfractaires, il n'y a que $1185° — 1119° = 66°$ d'écart entre les températures correspondant au ramollissement ou fusion pâteuse du métal, ce qui est bien minime en application, si l'on considère que la température atteinte dans un foyer actif s'élève facilement jusqu'à 1200° et même au delà, et si l'on remarque que l'on ne possède aucun moyen pratique de mesurer cette température, de la limiter à 900°, 1000° ou 1100°, par exemple, suivant que l'une ou l'autre de ces températures suffit à atteindre le but visé par l'opération de chauffage.

La fonte blanche, de Suède, et les mélanges à 30 et 50 0/0 fonte brûlée, peu carburés, sont plus réfractaires que les fontes précédentes et peuvent, comme nous l'avons vu, s'obtenir encore assez facilement avec le cubilot et par suite à assez bas prix, mais l'emploi de ces fontes au feu présente un grave inconvénient : c'est d'être très fragiles, et de se fendre, d'éclater dès qu'elles sont soumises à un chauffage élevé, brusque et inégal ; et cela d'autant plus qu'elles sont plus minces. Aussi pour tirer parti de leur propriété réfractaire, convient-il de n'élever que lentement leur température, de les placer dans un milieu où la température est uniforme et où les coups de feu sont évités.

Les aciers, plus réfractaires encore, présentent aussi ce même défaut de fragilité sous l'action d'une température élevée et inégale, surtout les aciers durs, ce qui est dû à la texture cristalline qu'ils prennent dans le refroidissement brusque qui suit leur coulée, ils ne perdent cette fragilité que par un recuit prolongé et adoucissant, qui transforme en texture grenue leur texture cristalline.

Ces aciers ont de plus l'inconvénient de ne pouvoir être produits qu'à des prix assez élevés, leur fusion ne pouvant être effectuée au cubilot ; aussi, quand dans son emploi un objet doit présenter un degré réfractaire élevé, qu'il doit être soumis à un chauffage rapide, pas toujours uniforme, que des coups de feu sont à craindre, est-il généralement plus économique de recourir à un métal (fonte malléable) assez carburé pour que sa fusion soit facile, mais cependant ne contenant que le minimum de carbone nécessaire à sa fusion, afin qu'ensuite sa décarburation s'effectue convenablement.

Si la décarburation, toujours partielle, est conduite dans les conditions voulues pour atteindre le métal dans toute son épaisseur, — 40 millimètres est un maximum. — ce métal sera ramené à une teneur moyenne d'environ 0,8 0/0 de carbone et deviendra capable de parvenir à la température 1350° environ, avant que son point de fusion pâteuse ne soit atteint ; de plus, par le recuit prolongé que cette fonte malléable a subi dans sa décarburation, elle se comportera au feu comme le fer, c'est-à-dire pourra supporter, sans se fendre, des variations brusques et considérables de température.

III — RECHERCHES EXPÉRIMENTALES SUR LA FUSION

AU CUBILOT

Le cubilot, ou four à cuve soufflé, est l'appareil qui économise le mieux la chaleur dans l'acte de la fusion et qui opère cette fusion le plus rapidement.

Le combustible et le métal à fondre sont chargés au gueulard à des intervalles réguliers, tandis que le vent est injecté vers le bas d'une façon continue par un certain nombre de tuyères.

Le combustible, généralement du coke, est graduellement chauffé dans son parcours lent à travers le fourneau, en

sorte qu'il arrive toujours dans la région de combustion, vers
le niveau des tuyères, à l'état incandescent et à peu près
dépouillé de tout élément volatil. Les matières métalliques,
de leur côté, sont également amenées progressivement à une
température élevée par leur interstratification et souvent
même leur mélange avec le combustible, de sorte que la
chaleur due à la combustion est directement absorbée par les
matières métalliques et qu'elles atteignent aussi la région de
combustion à l'état incandescent. Sous ce rapport donc, tout
est favorable à une facile et prompte combustion ; aussi, le
vent arrivant dans le bas du four, sous une pression plus ou
moins élevée, et y pénétrant en jets isolés au milieu d'un
mélange incandescent de charbon et de métal, il est bien
évident que ce vent aura promptement acquis la température nécessaire à la combustion proprement dite et que cette
combustion sera d'autant plus vive qu'à son entrée dans le
fourneau la pression du vent sera plus élevée.

Le métal en fusion tombe dans la partie inférieure du
fourneau, ou creuset, d'où on peut le tirer à volonté.

Avant d'entrer dans l'examen des phénomènes, plus complexes qu'on ne le croit généralement, qui doivent accompagner la combustion et la fusion dans le cubilot, cherchons
d'abord au moyen d'expériences, dont quelques-unes ont
déjà été citées précédemment, à déterminer le rendement
pratique de cet appareil.

Dans un cubilot, ayant le profil intérieur ci-contre *(fig. 8)*, et
marchant en moyenne à 10 charges de 200 kilog. de
fonte par heure, on consomme 14 kilog. de coke par
charge pour obtenir de la fonte liquide possédant à sa sortie
de l'appareil 274,4 calories de chaleur par kilogramme (ce
chiffre obtenu après la fusion de 3.000 kilog. environ
de fonte, pour écarter l'influence du coke de remplissage).
Au moyen des derniers calorimètres décrits, et en employant
des balais de fil de fer placés sur les charges aux points du plus

grand échappement des gaz, pour obtenir promptement la
température de ces gaz, j'ai trouvé pour ces températures,

Fig. 8

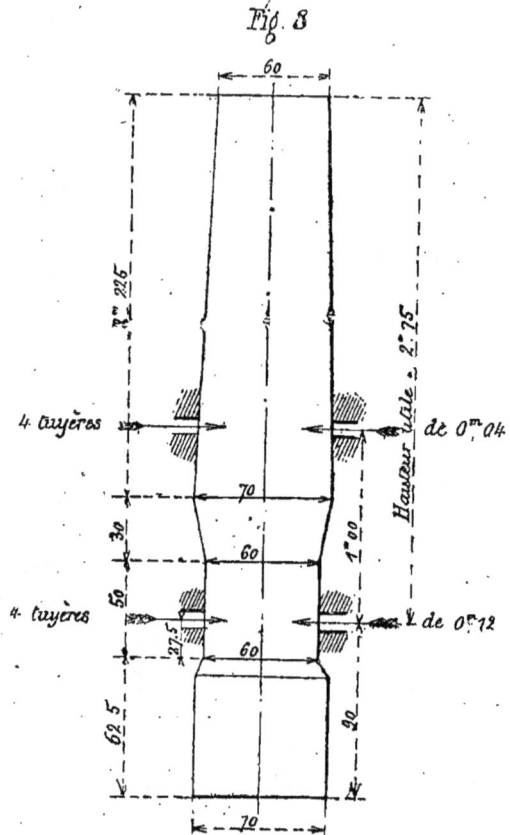

calculées d'après l'échauffement de l'eau des calorimètres, et
en marchant avec un seul rang de 4 tuyères de 120 $^{m}/_{m}$ de
diamètre, avec une pression de vent de $0^{m},50$ (hauteur d'eau),
produite par machine soufflante :

383°, immédiatement après une charge faite (aucune flamme
    visible dans ces gaz).

511°, quelques minutes après (quelques flammèches violacées
    et rougeâtres émergeaient des charges).

648°, immédiatement avant une nouvelle charge (flammèches
    violacées et rougeâtres de plus grande étendue que
    précédemment).

Soit une moyenne de température de ces gaz égale à :

$$\frac{383° + 5°11° + 864}{3} = 514°.$$

Au moyen d'un tuyau en fer creux, de $10^m/^m$, traversant
la paroi du cubilot et venant déboucher à fleur de cette paroi
et à $0^m,50$ à peu près en dessous du niveau du gueulard, je fis
plusieurs prises d'essai des gaz qui, à l'appareil Orsat, donnèrent
en volume :

    Acide carbonique   16,8   11,7 pour cent parties
    Oxyde de carbone   8,3   12,9   —

    Soit en moyenne : Acide carbonique 14,25 0/0
                Oxyde de carbone 10,6.

Je ne cite que les extrêmes, car les chiffres trouvés dans
ces expériences furent très variables, ce qui doit provenir
des cheminées qui se forment à l'intérieur du cubilot pendant
la descente des charges et dans lesquelles dominent alternativement le coke ou le métal. Pour obtenir une moyenne absolument exacte, il faudrait pouvoir, après l'échappement des
gaz du gueulard, les recueillir, les brasser ensemble et faire
des prises d'essai dans ce mélange.

Quoi qu'il en soit, ces éléments vont nous permettre de déterminer approximativement le rendement de ce cubilot.

Le coke employé contenait moyennement 6,78 0/0 d'eau
hygrométrique et à l'incinération, il nous a donné 11,3 pour
cent de cendres.

Le déchet moyen de fusion de la fonte est de 5 1/2 0/0 et
doit approximativement se composer de :

4   0/0 fer brulé,

0,5   —   silicium brûlé.

1 0/0 sable et saletés mêlés à la fonte brute et aux bocages.

Par charge de 200 kilog. fonte et 14 kilog. coke, on emploie
$2^k,80$ de castine, soit $1^k,40$ par 100 kilog. de fonte chargée.

Enfin, j'ai trouvé par expériences calorimétriques que la
chaleur possédée par les laitiers en fusion, accompagnant la
fonte liquide quand le creuset est vidé, est de 406,6 calories
par 1 kilog. (moyenne de 3 expériences).

Nous avons trouvé 274,4 calories par kilogramme pour
chaleur de la fonte liquide après sa sortie du cubilot, évidemment pendant son séjour dans le creuset et surtout dans son
transvasement du creuset dans une poche de fonderie, cette
fonte a dû éprouver un certain refroidissement et nous pouvons
bien admettre qu'elle possédait 280 calories (en chiffres ronds)
immédiatement avant d'arriver au creuset du cubilot. De même
nous admettrons qu'à leur arrivée dans le creuset les laitiers
possédaient au moins 410 calories. Cela étant, établissons la
balance des quantités de chaleur produites et utilisées.

Par 100 kilog. de fonte chargée, on emploie 7 kilog. de
coke contenant $\dfrac{7 \times 11,3}{100} = 0^k,791$ de cendres

et $\dfrac{7 \times 6,8}{100} = 0^k,476$ d'eau hygrométrique.

Il reste donc une quantité de carbone égale à :
$$7 - (0,791 + 0,476) = 5^k,733.$$

Le carbone contenu dans les $1^k,40$ de castine est
d'environ $1,40 \times 0,12 = 0^k,168$
qui se dégage à l'état d'acide carbonique, de la castine, en
produisant
$$0,168 \times 3,66 = 0^k,615 \text{ d'acide carbonique,}$$
et cette décomposition de la castine exige, d'après
Silbermann, $1^k,40 \times 373^c,5 = 522,90$ calories.

La vaporisation de l'eau du coke, $0^k,476$ absorbe
$$0,476 \times 606^c,5 = 288,7 \text{ calories.}$$

Les 100 kilog. de fonte chargée donnant en réalité :

$$100 - 5,5 = 94^k,5 \text{ de fonte liquide,}$$

emploient : $94,5 \times 280^c = 26460$ calories.

Pour déterminer la chaleur sensible emportée par les gaz, il faudrait connaître le poids de chacun d'eux. Nous y parviendrons en suivant la méthode indiquée par M. Grüner (1).

Nous avons trouvé que dans les gaz s'échappant du cubilot l'acide carbonique forme les 14,25 0/0 du volume et l'oxyde de carbone forme les 10,6 0/0.

En poids, le rapport de ces deux gaz doit être :

$$\frac{14,25 \times 1,529}{10,6 \times 0,957} = 2,15.$$

Le carbone brûlé par 100^k de fonte chargée étant $5^k,733$
Le carbone contenu dans $1^k,40$ de castine étant $0^k,168$

La quantité totale de carbone produisant ces gaz sera $5^k,901$
En appelant x l'acide carbonique produit (par 100^k de
                y l'oxyde de carbone produit (métal chargé
on aura, d'après la composition de l'acide carbonique et de l'oxyde de carbone :

$$\frac{3}{11} x + \frac{3}{7} y = 5^k,90$$

et
$$\frac{x}{y} = 2,15$$

d'où

$$y = \left[\frac{77}{(21 \times 2,15) + 33}\right] 5.90 = 5^k,82$$

et $x = 2,15y = 2,15 \times 5,82 = 12^k,53.$

La quantité d'acide carbonique provenant de la castine étant $0^k,615$, il reste $12,53 - 0,615 = 11^k,915$ provenant du combustible.

L'oxygène contenu dans $5^k,82$ oxyde de carbone
                et $11^k,915$ acide carbonique

---

(1) *Traité de métallurgie*, t. II, p. 67.

sera donné par l'expression :

$$\left(\frac{8}{11} \times 5,82\right) + \left(\frac{4}{7} \times 11,915\right) = 12^k,1$$

et par suite, celle de l'azote qui y correspond par :

$$3,33 \times 12,1 = 40^k,29.$$

Pour avoir enfin le poids total du gaz, il faut encore ajouter 1° l'azote correspondant à l'oxygène absorbé par le silicium et le fer scorifiés, c'est-à-dire :

$$3,33 \left(\frac{2}{7} \text{ fer} + \frac{8}{7} \text{ silicium}\right) = 3,33 \left(\frac{2 \times 4}{7} + \frac{8 \times 0,5}{7}\right)$$
$$= 5,71 ;$$

2° le poids de vapeur provenant de l'eau hygrométrique du coke et 3° le poids d'hydrogène provenant de la vapeur d'eau contenue dans l'air injecté ; cette vapeur d'eau décomposée par le charbon, ne peut se réformer dans son trajet à travers le cubilot, le fer décomposant l'eau au rouge et la température rouge régnant jusqu'à proximité du gueulard.

Le poids d'air injecté se compose des $12^k,1$ d'oxygène employés pour former l'oxyde de carbone et l'acide carbonique avec le combustible, des $40^k,29$ d'azote accompagnant cet oxygène dans l'air comburant, des 5^k71 d'azote accompagnant l'oxygène qui a scorifié le fer et le silicium et enfin de cette dernière quantité d'oxygène qui est égal à $\frac{5,71}{3,33} = 1^k,72$.

Ce poids est donc :

$$12,1 + 40,29 + 5,71 + 1,72 = 59^k,82 \text{ d'air sec.}$$

En moyenne, l'air atmosphérique étant à demi saturé de vapeur d'eau, en admettant que cet air ait été pris à 15° de température il devait contenir 6^g40 de vapeur d'eau par mètre cube, soit

$$\frac{59,82 \times 0,0064}{1,23} = 0^k,311.$$

(1.23 étant la densité de l'air à 15°) et l'hydrogène produit par la décomposition de ces $0^k,311$ de vapeur d'eau sera

$$\frac{0.311}{9} = 0^k,034$$

et cette décomposition absorbe encore :

$$29.003^c \times 0.0034 = 990 \text{ calories (1)}.$$

La chaleur sensible emportée par les gaz sera donc :

Acide carbonique $12^k,53$ $\times 0,217 \times 514° = 1397^c,56$

Oxyde de carbone $5^k,82$ $\times 0,245 \times 514° = 732^c,96$

Azote $(40^k,29 + 5^k71) \times 0,244 \times 514° = 5769^c,13$

Vapeur d'eau $0^k,476$ $\times 0,48 \times 514° = 117^c,19$

Hydrogène $0^k,034$ $\times 3,403 \times 514° = 59^c,42$

Ensemble des gaz $64^k,86$ en calories $8076^c,26$

Les laitiers ou scories étant composés de :

1° $1^k,40$ castine $- 0^k,615$ acide carbon. $= 0^k,785$ chaux

2° $4 \times 0,2857 = 1^k,1428$ oxyg. $+ 4^k$ fer $= 5^k,143$ oxyde de fer

3° $0,50 \times 1,116 = 0,558$ ox. $+ 0,5$ silic. $= 1^k,058$ silice.

4° Sable mélangé à la fonte, environ $= 1$

5° Cendres du coke $= 0^k,791$

6° Matériaux réfractaires provenant des

   parois du cubilot $= 0^k,50$ environ

et formant un poids total d'environ $= 9^k,277$.

absorberont encore $9^k 277 \times 410^c = 3800.7$ calories.

La chaleur totale que produiraient les $5^k 733$ de carbone pur brûlés en acide carbonique, serait

$$5^k,733 \times 8080 = 46322 \text{ calories.}$$

Mais à la chaleur produite par le carbone, il faut ajouter celle qui est fournie par la combustion des autres éléments oxydés :

Pour le silicium transformé en silice $0^k 5 \times 7830 = 3915^c$

Pour le fer transformé en protoxyde $4^k \times 1358 = 5432^c$

                                Ensemble 9347^c

---

(1) Un kilog. d'hydrogène engendre par sa combustion 34462 calories, la vapeur produite étant condensée à 0°. Mais si l'eau reste à l'état de vapeur à 0°, il faut retrancher de cette somme $9 \times 606.5 = 5488$ calories, il reste donc 29003 calories de produites et qu'il faudra restituer dans l'acte de la décomposition.

Comme l'oxyde de carbone $5^k,82$ emporté par les gaz est encore susceptible de développer

$$5^k,82 \times 2403 = 13985 \text{ calories,}$$

il doit rester dans le cubilot une quantité de chaleur égale à la somme de chaleur développée par les éléments oxydés :

46322^c pour le carbone en acide carbonique ;

9347^c pour le fer et le silicium en peroxyde et silice.

55669 calories

diminuée de la somme de chaleur enlevée :

26460^c par la fusion de la fonte ;

8076^c par la chaleur sensible du gaz ;

3800^c par la fusion des scories ;

13985^c par l'oxyde de carbone ;

52321 calories

et la différence entre ces 2 quantités de chaleur

$$55669 - 52321 = 3348 \text{ calories}$$

doit correspondre à la quantité de chaleur qui est absorbée par les parois du fourneau.

Cette dernière quantité peut paraître faible et cette faiblesse provient peut-être de ce que dans les gaz la proportion moyenne d'acide carbonique par rapport à celle d'oxyde de carbone est plus élevée que celle que nous avons trouvée ; cependant, il ne faut pas perdre de vue que l'échauffement des parois du cubilot est obtenu surtout aux dépens de l'excès du coke de remplissage, et que, lorsque les parois du cubilot atteignent une épaisseur de $0^m,40$, aucune chaleur sensible ne parvient à l'enveloppe métallique, il ne se produit donc aucune déperdition de chaleur à travers les parois de ce cubilot.

Au moyen des chiffres trouvés précédemment, le rendement est maintenant facile à établir.

Si par *rendement* nous entendons le rapport de la chaleur nécessaire à la fusion, à la somme de chaleur que le carbone

pourrait développer en brûlant totalement en acide carbonique et le silicium et le fer en se transformant en scories, —
ce que j'appellerai le *rendement absolu*, — pour ce rendement
nous aurons :

46322 calories,   maximum de chaleur que dégageraient
                  les 5^k,733 de carbone pur brûlant en acide
                  carbonique,

9347 calories,   maximum de chaleur dégagé par l'oxyda-
                  tion du fer et du silicium,

55669 calories,   maximum de chaleur totale produite.

Le minimum de chaleur nécessaire à la fusion est :

26460 calories   pour la fusion de la fonte,

3800   »   pour la fusion des scories,

3348   »   pour la chaleur absorbée par les parois,

33608 calories   minimum total, car nous ne pouvons séparer la fusion de la fonte de celle des scories, pas plus qu'empêcher l'échauffement des parois entre lesquelles s'opère
cette fusion. D'après cela, cette marche de cubilot correspondrait à un rendement absolu de :

$$\frac{33608}{55669} = 0,605.$$

Le maximum de *rendement utile* serait atteint dans notre
marche de cubilot si, à leur sortie, les gaz ne contenaient
plus aucune trace d'oxyde de carbone et sortaient froids, à la
température 0°; ce maximum de rendement utile, que je dési-
gnerai par *rendement idéal*, correspond à la production de :

26460 calories   pour fusion de la fonte,

3800   »   pour fusion des laitiers,

3348   »   pour chaleur absorbée par les parois,

en total 33608 calories, par du carbone entièrement brûlé en
acide carbonique; et alors ce rendement idéal serait :

$$\frac{26460}{33608} = 0,787$$

tandis que par notre marche, nous n'obtenons pour rendement utile que :

$$\frac{26460}{55669} = 0,475.$$

Enfin, si nous considérons qu'en réalité il n'a été dégagé
dans le cubilot qu'une quantité de chaleur égale à :

$$55669^c - 13985^c = 41684 \text{ calories,}$$

puisque 13985 calories ont été emportées par l'oxyde de
carbone, et que nous avons utilisé pour la fusion des matières
fonte et laitiers et pour l'échauffement du fourneau :

$$26460^c + 3800^c + 3348^c = 33608 \text{ calories,}$$

nous trouverons que le *rendement réel* a été :

$$\frac{33608^c}{41684^c} = 0,81.$$

Rappelons-nous que la fonte qui nous a donné ces chiffres
de rendement était un peu froide pour fournir d'une façon
courante des pièces de 3 $^m/_m$ d'épaisseur, que la chaleur de
cette fonte était $C_l = 274^c,4$ et sa température 1300° environ, et
qu'elle a été obtenue avec 7 0/0 de consommation de coke.
Qu'en consommant 8 0/0 de coke, nous avons obtenu de la
fonte donnant $C_l = 286$ calories et ayant 1333° de température.

Qu'en élevant à 11 0/0 de la fonte chargée la consommation de coke, la fonte produite contenait $C_l = 296^c,4$ et possédait la température 1364°.

Et que certaines grosses pièces, ayant plus de 40 $^m/_m$
d'épaisseur peuvent encore être coulées avec de la fonte n'ayant
que la quantité de chaleur $C_l = 246$ calories, correspondant
à la température 1205°, laquelle serait obtenue sans doute,
avec une consommation de coke bien moindre que 7 0/0.

Nous en conclurons que les rendements doivent varier
considérablement avec les températures qu'il s'agit d'obtenir
dans la fonte liquide, que ces rendements doivent diminuer
bien plus rapidement que l'accroissement des températures

obtenues; par suite, la consommation de coke par 100^k de fonte chargée ne peut servir à caractériser la marche plus ou moins économique d'un cubilot que si le chiffre de consommation de coke est accompagné soit du chiffre de température de la fonte produite, soit de l'épaisseur minimum des pièces qu'il est possible d'obtenir couramment avec cette fonte.

Pour nous rendre compte de la diminution considérable qu'éprouve le *rendement utile* du cubilot quand ce cubilot doit produire les *fontes très chaudes* nécessaires à la coulée d'objets de grande surface et de très minime épaisseur, étudions les phénomènes complexes qui doivent accompagner la combustion du coke dans le cubilot, laquelle se compose d'une série de combinaisons, de réductions et de dissociations simultanées ou successives pouvant en partie se prolonger jusqu'au delà du combustible.

En général, dès que l'air lancé par les tuyères rencontre du charbon ardent, il s'échauffe d'abord et ensuite son oxygène se combinant peu à peu avec le carbone en contact pour former de l'acide carbonique (CO_2) disparaît à mesure de l'accroissement de production de l'acide carbonique; aussitôt le carbone incandescent réagissant sur l'acide carbonique formé tend à réduire cet acide à l'état d'oxyde de carbone (CO) et l'oxygène libre restant dans l'air qui traverse le combustible se partage alors pour poursuivre, d'une part, la transformation du carbone en acide carbonique et, d'autre part, pour ramener à l'état d'acide carbonique l'oxyde de carbone produit et cela, jusqu'à disparition complète de l'oxygène de l'air comburant.

Soit N *(fig. 9)* le niveau de la couche combustible correspondant à l'épaisseur *a* de cette couche à partir de laquelle l'oxygène de l'air comburant a été complètement absorbé; depuis le niveau B des tuyères jusqu'à ce niveau N la proportion d'acide carbonique contenue dans les filets gazeux traversant le combustible devra d'abord croître vivement, en raison de la proportion élevée de l'oxygène dans l'air, puis cette croissance se réduira peu à peu à mesure que la proportion

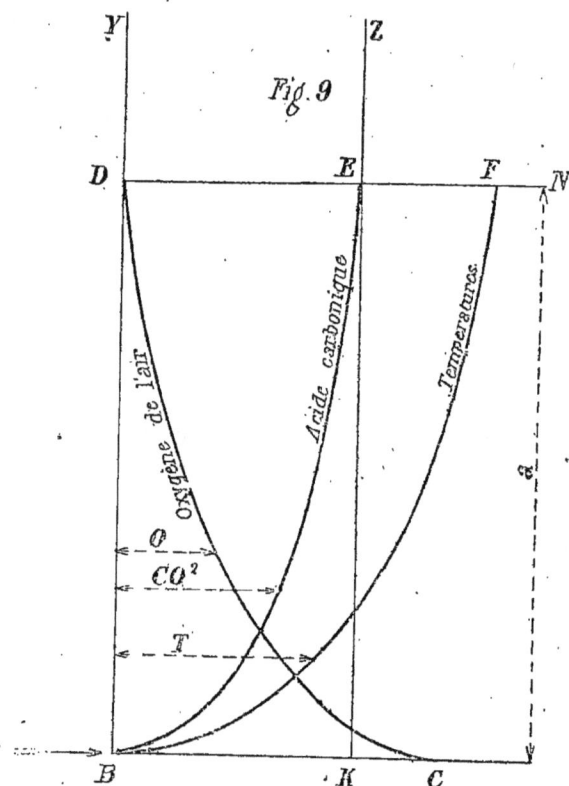

d'oxygène libre décroîtra; finalement, le maximum de la proportion d'acide carbonique devrait se trouver au même niveau N que celui qui correspond au minimum d'oxygène, ainsi que le montrent les courbes imaginaires CD et BE, la courbe CD représentant par ses abcisses la proportion d'oxygène libre, existant dans les filets gazeux ascendants et la courbe BE représentant par ses abcisses la proportion d'acide carbonique contenue dans ces mêmes filets gazeux (1).

De même, les filets gazeux, partant de la température initiale de l'air lancé, subiraient très rapidement d'abord une élévation de température considérable, puis cette température progressant toujours, mais de plus en plus lentement, atteindrait son maximum vers le niveau N, quand tout l'oxygène de l'air s'est combiné au carbone et l'a transformé en acide carbonique, la courbe imaginaire BF, dont les abcisses correspondent aux températures, montre également quelle serait la progression de ces températures par rapport à l'épaisseur a du combustible traversé.

Théoriquement du moins, et en supposant la disparition complète de l'oxygène de l'air lancé, le carbone entièrement brûlé en acide carbonique, il est facile de calculer approximativement la température maximum à laquelle parviendraient les filets gazeux, si la combustion s'effectuait telle que nous le supposons.

Admettons qu'il soit dépensé $5^k,733$ de carbone pur par 100 kilog. de fonte amenée en fusion et que le coke et la fonte possèdent une température de 1300° environ en parvenant dans la zone où la température du courant gazeux ascendant est à son maximum.

Ces $5,^k733$ de carbone brûlés en acide carbonique produiront $5,733 \times 8080^c = 46322$ calories, lesquelles se répartissent entre :

---

(1) Il est assez probable que ces phénomènes de combinaison de l'oxygène de l'air avec le carbone du combustible et la réduction de l'acide carbonique en carbone, s'effectuent en proportion des quantités relatives d'oxygène libre et d'acide carbonique existant dans les filets gazeux ascendants. Si cela était, les courbes imaginaires CD, représentant la proportion d'oxygène et BE la proportion d'acide carbonique contenue dans les filets gazeux différeraient peu d'hyperboles ayant pour asymptotes les ordonnées BY et KZ; et cela expliquerait les difficultés que l'on éprouve à dépouiller d'une façon absolue l'air comburant de son oxygène quand la couche de combustible n'est pas très épaisse.

1° 100 kil. fonte ayant pour chaleur spécifique moyenne 0,22.

2° 5,733 × 3,66 CO_2 = 20^k,98 d'acide carbonique, produit ayant une chaleur spécifique de 0,217.

3° 5,733 × 2,66 O × 3,33 = 50^k,78 d'azote, accompagnant l'oxygène de l'air lancé et ayant une chaleur spécifique égale à 0,244.

La capacité calorifique du coke étant supposée 0,20, la quantité de chaleur possédée par le coke à la température 1,300° sera : 5,733 × 0,20 × 1300 = 1495 calories.

La capacité calorifique de la fonte étant 0,22, la chaleur possédée par la fonte à la température 1300° sera :

100 × 0,22 × 1300 = 28600 calories.

Ces deux dernières quantités de chaleur s'ajoutant aux 46322 calories développées par la combustion totale du carbone, formeront un total de :

46322^c + 1495^c + 28600^c = 76417 calories,

devant se retrouver dans les

20^k,98 d'acide carbonique⟩
50^k,78 d'azote ⟩ après combustion totale des
100^k fonte ⟩ 5^k,733 de carbone pur,

par suite, la température des gaz devra être :

$$\frac{76417^c}{(20,98 \times 0,217) + (50,78 \times 0,244) + (100 \times 0,22)} = 1960°$$

en admettant que les parois n'absorbent, ni ne cèdent aucune chaleur pendant cette combustion.

Cette température de 1960° est loin d'être atteinte.

D'abord, par suite du phénomène de dissociation qui, bien avant cette température, agit pour s'opposer à la combinaison complète de l'oxygène de l'air avec le carbone du combustible. D'après Bunzen, l'équilibre chimique d'un mélange d'acide carbonique, d'oxyde de carbone et d'oxygène, dans lequel ce dernier gaz est en quantité suffisante pour amener tout le carbone à l'état d'acide carbonique, entre les températures 1146° et 2471° répond aux proportions suivantes :

Oxyde de carbone . . . . . 2 volumes,

Acide carbonique. . . . . . 2 volumes,

Oxygène, ... 1 volume,

Plus la quantité d'azote mélangé dans l'air atmosphérique avec l'oxygène employé ; il en résulte que la composition des produits de la combustion de 1 kilog. carbone donnant la température maximum sera :

Oxyde de carbone. $1^k,167$ correspondant à $\dfrac{1,167 \times 3}{7} = 0^k,5$ C.

Acide carbonique. $1^k,833$ correspondant à $\dfrac{1,833 \times 3}{11} = 0^k,5$ C.

Oxygène . . . . $0^k,667$;

Azote. . . . . . $8^k,920$,

de sorte que dans la combustion, la moitié du poids du carbone passe à l'état d'acide carbonique et l'autre moitié à celui d'oxyde de carbone.

Dans $1^k,167$ d'oxyde de carbone, il entre

$$\frac{1^k,167 \times 8}{11} = 0^k,85 \text{ oxygène.}$$

Dans $1^k,833$ d'acide carbonique, il entre

$$\frac{1^k,833 \times 4}{7} = 1^k,04 \text{ d'oxygène.}$$

Par 1 kilog. de carbone brûlé, quand ces gaz atteignent leur température maximum, il y a donc de consommé tant pour produire de l'acide carbonique que pour former de l'oxyde de carbone

$$0^k,85 + 1^k,04 = 1^k,89 \quad \text{d'oxygène}$$

et de libre $\qquad\qquad 0^k,667 \qquad$ —

soit en total. . . $2^k,557$. —

Précédemment, nous avons trouvé que les gaz à leur sortie du cubilot renfermaient

$5^k,82$ d'oxyde de carbone

et $\qquad\qquad$ $11^k,915$ d'acide carbonique,

si nous retranchons de ce dernier, le poids d'acide carbonique

7

$0^k,615$ provenant de la décomposition de la castine, il restera

$$11^k,915 - 0^k,615 = 11^k,30 \text{ de } CO^2$$

formés par l'air comburant.

La quantité d'oxygène provenant de l'air lancé et qui a été employée dans ces gaz est :

$$\frac{5^k,82 \times 8}{11} = 4^k,24 \text{ d'oxygène}$$

$$\frac{11^k,3 \times 4}{7} = 6^k,45 \quad —$$

en total. . . $\overline{10^k,69}$ —

Quand, dans le cubilot, les gaz ont atteint leur température maximum, la quantité de carbone brûlé, tant en oxyde de carbone qu'en acide carbonique, a dû être

$$\frac{10^k,69}{2^k,557} = 4^k,20$$

et le mélange gazeux produit par cette combustion a dû être :

Oxyde de carbone $1,167 \times 4^k,20 = 4^k,92$
Acide carbonique $1,833 \times 4^k,20 = 7^k,7$
Oxygène libre $\quad 0,667 \times 4^k,20 = 2^k,8$
Azote $\qquad\quad 8,92 \;\times 4^k,20 = 37^k,5.$

Comme ce mélange gazeux est en contact avec 100 kilog. de fonte ayant une température d'environ 1300°, l'équation qui donnera la température maximum produite sera :

$$t\,[\,(4,92 \times 0,245) + (7,7 \times 0,217) + (2,8 \times 0,218) + (37,5 \times 0,244)) + (100 \times 0,22)] = (0,5 \times 4,20 \times 8.080) + (0,5 \times 4,20 \times 2473) + (100 \times 1300 \times 0,22)$$

$$34,54t = 50761°$$

d'où . $\qquad\qquad t = \dfrac{50761}{34,54} = 1430° \; ,$

et encore, au contact des parois du cubilot, cette température ne pourrait être atteinte par suite de l'absorption de chaleur exercée par ces parois pour arriver et se maintenir en équilibre de température avec les gaz en contact.

Il est vrai que dans l'équation précédente de laquelle nous venons de tirer la valeur de t maximum, nous avons d'un côté négligé la chaleur 9347 calories produite par la combustion de 4 kilog. de fer et $0^k,5$ de silicium, combustion qui a dû s'effectuer entre l'instant où l'air a été lancé dans le fourneau et celui où les gaz sont parvenus à leur maximum de température et que d'un autre côté nous avons négligé aussi le déchet de la fonte et l'influence due à la présence des laitiers avec la fonte.

A la température d'environ 1300°, la chaleur spécifique des laitiers doit être

$$\frac{0,22 \times 410}{280} = 0,322$$

(0,22 étant la chaleur spécifique moyenne de la fonte quand 280 calories est la chaleur contenue dans 1 kilog. et 410 calories étant, à la même température, la quantité de chaleur contenue dans 1 kilog. de laitiers).

Comme les omissions faites sont loin d'être négligeables, en les rétablissant dans l'équation qui nous a donné la valeur de t maximum nous trouverons :

$$t[(4,92 \times 2,45) + (7,7 \times 0,217) + (2,8 \times 0,218) + (37,5 \times 0,244) + (93,5 \times 0,22) + (9,277 \times 0,322)] = (0,5 \times 4,20 \times 8080) + (0,5 \times 4,2 \times 2473) + (93,5 \times 1300 \times 0,22) + (9,277 \times 0,322 \times 1300) + 9347.$$

$$37,21 t = 63571 \text{ calories}$$

d'où
$$t = \frac{63571}{37,21} = 1703° \quad (1)$$

Ensuite, comme nous l'avons déjà mentionné précédemment, quand l'acide carbonique à température très élevée se trouve en présence de carbone incandescent, il se combine avec une nouvelle quantité de carbone égale à celle qu'il

---

(1) Cette différence considérable entre les deux valeurs de t : 1430° et 1703° provient exclusivement des 9347 calories dues à la combustion des 4 kilog. de fer et $0^k,5$ de silicium.

contenait déjà et se transforme en oxyde de carbone ; il subit par ce fait un refroidissement considérable.

Ainsi 1 kilog. carbone, pour former de l'acide carbonique se combine avec l'oxygène de l'air comburant dans la proportion de 3 carbone à 8 oxygène ou de 1 : 2 2/3 en produisant un poids $p = 11/3^k$ d'acide carbonique et développant 8080 calories ; tandis que ce même poids 1 kilog. carbone se combinant avec l'oxygène de l'air comburant, pour former de l'oxyde de carbone, dans la proportion de 1 : 1 1/3 produit un poids $p' = 7/3^k$ d'oxyde de carbone en ne développant que 2473 calories (1).

Si les $\dfrac{11^k}{3}$ d'acide carbonique formé se trouvent en présence de carbone incandescent et lui empruntent une quantité de carbone égale à celle qu'ils possédaient déjà, ils formeront :

$$1^k \text{ carbone} + \frac{11}{3} \text{ acide carbonique} = \frac{14}{3} \text{ oxyde de}$$

carbone, ce qui correspond à un développement de chaleur totale égal à $2473 \times 2 = 4946$ calories.

Le pouvoir calorique de 1^k d'oxyde de carbone brûlant en acide carbonique étant, d'après Fabre et Silbermann, de 2403 calories, ces $\dfrac{14^k}{3}$ oxyde de carbone posséderont, pour ainsi dire, à l'état latent $\dfrac{14}{3} \times 2403 = 11214$ calories c'est-à-dire la différence entre $2 \times 8080^c = 16160$ calories et 4946 calories, de la chaleur produite par les 2^k carbone contenus dans les $\dfrac{14}{3}$ oxyde de carbone, et brûlant en acide carbonique, et les 4946 calories développées dans la transfor-

_____

(1) On peut juger par ce chiffre, comparé à 8080 calories, combien on perd de chaleur lorsque le carbone est simplement transformé en oxyde de carbone.

mation indirecte des 2^k carbone en $\dfrac{14^k}{3}$ oxyde de carbone, car la chaleur produite par la combustion totale du carbone doit être égale à la somme des chaleurs successivement produites lorsque la combustion se fait en deux temps.

Ainsi donc, la quantité de chaleur développée originairement dans la combustion de 1^k carbone en acide carbonique étant 8080 calories, puis du fait de la transformation de cet acide carbonique en oxyde de carbone, ayant rendu latente, dans ce dernier gaz, une quantité de chaleur égale à 11214 calories, il faut que dans la transformation de l'acide carbonique en oxyde de carbone un refroidissement de

$$11214^c - 8080^c = 3134 \text{ calories}$$

se soit opéré et, par suite, pour que cette transformation de CO_2 en CO soit possible, il faut que les gaz soient assez chauds et le combustible assez ardent pour pouvoir fournir cette quantité de chaleur qui abaissera considérablement leur température; car si cette chaleur dépensée, et devenue latente n'est pas remplacée, le carbone perdra rapidement sa propriété de s'allier avec l'acide carbonique pour former de l'oxyde de carbone.

En somme, cette transformation de CO_2 en CO n'est possible que si, pendant que la réduction de l'acide carbonique en oxyde de carbone se produit, il se forme une quantité d'acide carbonique bien plus élevée que celle qui se réduit en CO. Pour qu'aucun refroidissement ne se produise, il faut évidemment qu'il soit brûlé en acide carbonique une quantité x de carbone telle que la chaleur développée par l'excédent d'acide carbonique formé compense le refroidissement produit par la réduction en CO d'une partie de CO_2; c'est-à-dire que l'on ait :

$$(1^k + x)\, 8080^c = 8080^c + 3124^c = 11214^c$$

d'où $\qquad x = \dfrac{11{,}214}{8080} - 1 = 0{,}^k388 \qquad$ au minimum;

or, dans le cubilot, au début de la combustion et tant que la proportion d'oxygène libre de l'air comburant est considérable, il· doit arriver que l'excédent d'acide carbonique produit sur celui qui se réduit est de beaucoup supérieur à cette proportion; mais à mesure que diminue l'oxygène libre, l'excédent de CO^2 formé, sur CO^2 réduit en CO, doit décroître aussi jusqu'à passer par la proportion 1^k388 C produisant :

$$\frac{1,388 \times 11}{3} = 5^k,089 \ CO^2.$$

pour $\dfrac{1^k \times 11}{3}$ CO^2 se réduisant en :

$$1^k C + \frac{11^k}{3} \ CO^2 = \frac{14^k}{3} \ CO = 4^k66 \ CO,$$

à partir de laquelle va commencer le refroidissement pour se poursuivre, en s'accélérant, jusqu'à ce que la température du courant gazeux soit descendue de 1700° à 900°, aux environs de laquelle s'arrête la réduction de CO^2 en CO. A partir de cet instant, la quantité d'oxyde de carbone formée demeure constante dans la colonne montante des gaz de la combustion.

Pendant toute cette durée de la réduction de CO^2 en CO, nous devons remarquer combien est active la combustion du carbone brûlant à la fois en acide carbonique et en oxyde de carbone, et cela presque sans dégagement de chaleur, et au contraire avec refroidissement à partir du passage de la combustion par la proportion calculée plus haut.

Toutes choses égales, la formation d'oxyde de carbone sera d'autant plus rapide que le combustible sera plus léger, plus poreux, plus perméable aux gaz ; aussi les charbons de bois et les cokes légers sont-ils d'un très mauvais emploi dans le cubilot et leur consommation est-elle beaucoup plus élevée que celle des cokes durs et denses. Il est évident aussi qu'à égale température des gaz brûlés et du combustible, la transformation de l'acide carbonique en oxyde de carbone sera d'autant plus rapide que la proportion d'acide carbonique existant dans les gaz brûlés sera plus considérable et aussi que le poids de combustible en contact avec l'acide carbonique sera plus élevé; par suite, plus sera considérable la quantité de combustible chargée dans le cubilot pour mettre en fusion 100 kilog. de fonte, plus il y aura d'oxyde de carbone produit.

Enfin, la durée de contact de l'acide carbonique avec le carbone vient encore ajouter son influence, et plus sera prolongé le séjour du carbone incandescent dans l'acide carbonique à température très élevée, plus il y aura réduction de ce dernier; par conséquent plus lente sera la fusion, la marche ascendante de la colonne gazeuse ou de la colonne descendante des matières, plus large sera la section du cubilot au-dessus des tuyères, dans les zones de réduction et de fusion, plus encore il y aura d'oxyde de carbone produit.

Beaucoup ont pensé que pour récupérer la perte considérable de chaleur due à la production d'oxyde de carbone et à son départ dans les gaz de la combustion, il suffisait de le brûler dans le cubilot même, en dessous du niveau de la charge, par l'injection d'une nouvelle quantité d'air, lancée *dans le courant gazeux ascendant par un second rang de tuyères*, à une certaine distance verticale du premier rang, on espérait ainsi pouvoir brûler l'oxyde de carbone contenu dans la colonne gazeuse et, par suite, profiter de la chaleur que dégagerait cette combustion pour échauffer les matières contenues dans la colonne descendante. Or, l'expérience démontre que par cet éparpillement de l'air comburant lancé dans le cubilot à deux hauteurs différentes et formant deux zones de fusion, on va directement contre le but cherché.

A l'oxyde de carbone formé par dissociation et réduction, dans le foyer inférieur, vient s'en ajouter une quantité nouvelle dans le foyer supérieur; et cette nouvelle quantité serait bien plus considérable si l'on ne donnait aux tuyères du rang supérieur une section beaucoup plus faible qu'à celles du rang inférieur ; c'est-à-dire si la quantité de vent lancé au niveau supérieur n'était très minime par rapport à celle qui est lancée par la rangée de tuyères inférieures.

Quand un cubilot fonctionne à deux rangs de tuyères espacées à des niveaux différents, à première vue on constate un certain refroidissement des gaz s'échappant au gueulard, — et l'on dit qu'alors *le cubilot marche à flamme éteinte*, — et, si ce cubilot est disposé pour fonctionner à volonté avec la rangée de tuyères inférieures seule ou simultanément avec les tuyères supérieures et les tuyères inférieures, en employant alternativement, sans rien changer à la consommation de coke, les tuyères inférieures ou les tuyères inférieures et supérieures, bien que dans ce dernier cas la température au gueulard diminue, on ne remarque aucune différence sensible dans la température de la fonte liquide produite ; et cependant, même en admettant qu'aucune parcelle d'oxyde de carbone n'ait été brûlée par le vent lancé par les tuyères supérieures, on devrait retrouver dans l'échauffement de la fonte liquide produite (pendant la marche à deux rangs de tuyères) l'équivalent du refroidissement éprouvé dans cette marche par les gaz dégagés au gueulard ; or, il n'en est rien. Cette seule observation montre déjà combien est peu fondée la croyance à une économie quelconque de combustible, basée sur l'abaissement de température des gaz dégagés au gueulard, abaissement auquel on arrive par la marche à deux rangs de tuyères disposés à des niveaux différents ; mais une autre considération prouve que l'abaissement de température des gaz, que l'on constate à leur sortie du gueulard, ne peut provenir d'une meilleure utilisation de la chaleur sensible de ces gaz, mais doit être le résultat de la formation d'oxyde de carbone en plus grande quantité.

En effet, si par injection de l'air à un niveau plus élevé que celui des tuyères inférieures on parvenait à brûler tout ou partie de l'oxyde de carbone existant dans le courant gazeux ascendant, cette combustion aurait pour effet de récupérer ou bien en chaleur sensible des gaz brûlés, ou bien en chaleur sensible de la fonte liquide, ou bien encore à la fois en chaleur sensible des gaz -brûlés et de la fonte, une partie plus ou moins considérable des 13985 calories contenues à l'état latent dans l'oxyde de carbone que nous avons trouvé exister dans le courant gazeux à la partie supérieure du cubilot; or précédemment nous avons vu que les 55669 calories que la quantité de carbone correspondant à 100 kilog. de fonte chargée serait susceptible de développer, diminuées des 13985 calories passées à l'état de chaleur latente dans l'oxyde de carbone, se répartissent de la façon suivante dans le cubilot :

26460^c pour fusion de la fonte,	soit 63 4 0/0	
8076^c pour chaleur sensible des gaz	19,3	—
3800^c pour fusion des scories	9,1	—
3348^c absorbées par les parois	8,2	—
41684^c	100	

Nous pouvons bien admettre que les 13985 calories, de CO repassant à l'état de chaleur sensible par la combustion de CO en CO^2, se répartiraient à peu près dans la même proportion que ci-dessus, et par suite, que l'on devrait trouver :

$$26460^c + 0,634 \times 13985 = 35326^c \text{ dans la fonte liquide,}$$
$$8076^c + 0,193 \times 13985 = 10775^c \text{ comme chaleur sensible des gaz,}$$
$$3800^c + 0,091 \times 13985 = 5072^c \text{ dans les scories liquides,}$$
$$3348^c + 0,082 \times 13985 = 4494^c \text{ dans les parois du}$$

fourneau, c'est-à-dire partout une augmentation de :

$$\frac{13985}{41684} = 0,335,$$

si tout l'oxyde de carbone était brûlé en acide carbonique de 280 calories correspondant à peu près à 1300° de température la chaleur de la fonte devrait donc passer à :

$$280^c + 0.335 \times 280 = 374 \text{ calories}$$

correspondant à environ :

$$1300^o + 0,335 \times 1.300 = 1.740^o \text{ de température} ;$$

de 514°. la température moyenne des gaz s'échappant du gueulard devrait également passer à :

$$514 + 0.335 \times 514 = 685^o.$$

Une variation de température aussi grande, que l'on pourrait obtenir presque instantanément en ouvrant ou en fermant une valve, suivant que l'on veut ou non marcher à deux rangs de tuyères ou avec les tuyères inférieures seulement, ne peut évidemment passer inaperçue. Même en admettant qu'au lieu de transformer tout l'oxyde de carbone en acide carbonique, on ne parvienne à en brûler qu'une proportion de 1/2 ou 1/3, l'augmentation des températures serait encore de $\dfrac{0.335}{2} = 0.167$ ou de $\dfrac{0.335}{3} = 0.112$, c'est-à-dire assez considérable pour sauter aux yeux immédiatement, et au contraire, quand on marche avec deux rangs de tuyères à niveaux différents, on ne constate qu'une seule chose : c'est que les gaz s'échappent plus froids sans que la fonte liquide obtenue ne paraisse plus chaude ; or, comme il faut que dans le cubilot toute la somme de chaleur produite par la consommation de carbone se retrouve soit en chaleur sensible, soit en chaleur latente, puisqu'il y a refroidissement des gaz sans réchauffement de la fonte, il faut nécessairement que la chaleur sensible disparue des gaz se soit transformée en chaleur latente dans ces gaz ; c'est-à-dire que la proportion d'oxyde de carbone ait augmenté au lieu de diminuer.

L'expérience vient du reste confirmer ces déductions.

Le cubilot sur lequel ont été faites les expériences citées précédemment étant construit avec deux rangées de tuyères distantes d'axe en axe de 1 mètre, les 4 tuyères inférieures ayant 0m,12 de diamètre et les 4 tuyères supérieures ayant 0m,04 seulement, la conduite circulaire alimentant les tuyères du haut étant reliée à la conduite circulaire du bas par un tuyau dans lequel existe un papillon permettant d'isoler les deux conduites circulaires et de n'admettre le vent que dans les tuyères inférieures, il était facile en ouvrant le papillon de rechercher sur la température de la fonte liquide produite, la température des gaz s'échappant des charges, et la composition de ces gaz, la différence résultant de l'emploi des tuyères supérieures, tous les autres éléments de marche demeurant constants :

Pression du vent (0^m,50 de hauteur d'eau).

Consommation de combustible (7 0/0).

Fonte chargée, de nature identique.

Pour température des gaz, j'ai trouvé en procédant à l'aide de balais en fil de fer placés au-dessus des charges dans les endroits de plus grand dégagement de gaz, généralement contre les parois du cubilot :

293°, immédiatement après une charge faite (aucune flamme visible dans ces gaz) ;

355°, quelques minutes après (id.) ;

435°, immédiatement avant une nouvelle charge (quelques dards de flammèches bleuâtres se montraient à ce moment).

Soit une moyenne de température de ces gaz égale à :

$$\frac{293° + 355° + 435°}{3} = 361°,$$

au lieu de 514° que nous avons trouvé dans la marche avec la rangée des tuyères inférieures seulement.

Les gaz recueillis dans le flacon aspirateur de l'appareil Orsat, au même instant et à l'aide d'un long tuyau de fer creux de 10 $^{m/m}$ diamètre intérieur et venant déboucher à fleur des parois du cubilot, à 0^m,50 environ de profondeur des charges me donnèrent, en volume :

Acide carbonique   15.3   ,   12.3 sur 100 parties
Oxyde de carbone   10.1   ,   13.7   —   —

Soit en moyenne :

Acide carbonique   12,7 0/0 au lieu de 14,25 0/0

Oxyde de carbone   11,4 —   — ·   10,6 —

trouvés dans la marche avec la rangée des tuyères inférieures seulement.

Encore ici, je ne cite que les extrêmes, en répétant que les chiffres trouvés dans toutes ces expériences de prises de gaz sont excessivement variables et que pour arriver à doser exactement l'acide carbonique et l'oxyde de carbone qui s'échappent du cubilot, il faudrait pouvoir recueillir pendant un certain temps tous les gaz dégagés, puis les brasser ensemble et ensuite faire des prises d'essai dans le mélange obtenu.

Enfin, l'expérience calorimétrique donna pour chaleur de la fonte liquide sortant du cubilot après une heure environ de cette marche à deux rangs de tuyères injectant l'air à deux niveaux différents :

$$C_l = 271^c,9 \text{ (moyenne de 3 expériences)}$$

au lieu de $\qquad C_l = 274^c,4,$

obtenues dans la marche avec le rang des tuyères inférieures seulement.

Les résultats de ces expériences calorimétriques donnant la mesure de la chaleur contenue dans la fonte liquide et de la température des gaz, si faciles à reproduire, démontrent surabondamment que non seulement la marche d'un cubilot avec deux rangées de tuyères placées à des niveaux différents ne procure aucune économie; mais qu'elle est même désavantageuse (1).

---

(1) Bien que nos ouvriers n'aient jamais trouvé de différence appréciable, en plus ou en moins, dans la chaleur de la fonte liquide obtenue en marchant avec la seconde rangée des tuyères supérieures, nous ne les faisons jamais fonctionner parce que la fusion de la menue fonte s'opère déjà un peu au-dessus de ces tuyères, fait un vide dans les charges et qu'alors, parfois, il arrive que la fonte en gros morceaux tombant devant les tuyères inférieures s'y refroidit au lieu de fondre. De plus, l'usure des parois

Si, dans certaines fonderies, le remplacement d'un ancien
cubilot marchant à une seule rangée de tuyères par un nouveau marchant à deux rangées de tuyères, a pu fournir une
économie de combustible, cette économie doit être attribuée
uniquement au changement de profil du nouveau cubilot, à
son rétrécissement dans la zone de fusion qui est aussi celle
de dissociation, celle où la production d'oxyde de carbone
est à son maximum d'activité; car, pour une même production de fonte liquide dans un temps donné, plus la section
de cette zone sera rétrécie plus la vitesse du courant gazeux
ascendant et celle des matières y seront considérables, par
suite, moins il y aura proportionnellement d'oxyde de carbone produit; puisque la production d'oxyde de carbone a
non seulement pour facteur l'étendue de la surface du combustible baignée par l'acide carbonique, mais encore la durée
de ce contact.

Cependant, on ne peut pas faire décroître indéfiniment la
section du cubilot dans la zone de fusion, l'usure des parois
réfractaires devient d'autant plus rapide que cette zone est
plus rétrécie et des accrochements, des suspensions formées
par la fonte chargée en gros morceaux se produisent avec
d'autant plus de facilité dans cette zone que sa section est
plus réduite; dans les chutes de matières qui suivent ces
suspensions, quand elles finissent par se détruire, la fonte
devient froide et partiellement décarburée. Comme en toutes
choses, il est nécessaire de s'en tenir, pour cette section, à
un juste milieu favorisant l'économie de combustible sans
nuire à la régularité de marche de l'appareil de fusion.

---

réfractaires du cubilot au niveau des tuyères supérieures, et un peu au-
dessus, est assez rapide et augmente sans utilité aucune les frais d'entretien, la durée des réparations. Je connais une autre usine, dont les cubilots ont été montés à deux rangs de tuyères, sans qu'il soit possible de les
isoler l'un de l'autre par un registre quelconque, elle a préféré, après
quelques mois de marche, boucher ses tuyères supérieures plutôt que de
continuer à s'en servir.

Revenons à la combustion dans le cubilot et essayons de figurer par des courbes la marche des phénomènes de combinaisons et de réductions qui s'y succèdent.

Pendant le fonctionnement du cubilot, deux courants s'établissent à l'intérieur : l'un, descendant, composé des matières chargées : fonte, castine et coke, et l'autre ascendant formé des gaz : air, acide carbonique, oxyde de carbone et azote; ce double courant, en sens inverse l'un de l'autre, en procurant l'échauffement progressif et méthodique de la colonne descendante des matières par la colonne ascendante des gaz donne lieu aux modifications suivantes :

1° Variation de l'oxygène de l'air dans le courant ascendant.

2°   —   de l'acide carbonique   —   —

3°   —   de l'oxyde de carbone dans le courant ascendant.

4°   —   de la température de ces gaz.

5°   —   du carbone dans le courant descendant.

6°   —   de la température des matières dans le courant descendant.

Représentons (fig. 10) par un axe d'ordonnées AS la trajectoire moyenne, à l'intérieur du cubilot des gaz du courant ascendant et par des longueurs d'abcisses correspondantes, les six ordres de quantités variables mentionnées ci-dessus; enfin prenons pour axe d'abcisses la ligne AB correspondant au niveau des tuyères. Soit B,OOO la courbe relative aux variations de l'oxygène libre contenu dans l'air lancé, après son introduction dans le cubilot.

ACO^2CO^2, la courbe relative aux variations de l'acide carbonique formé, dans le courant ascendant,

DCOCO, la courbe relative aux variations de l'oxyde de carbone formé dans le courant gazeux ascendant,

AT_gT_g, la courbe relative aux variations de température du courant gazeux ascendant,

ACC, la courbe relative aux variations du carbone dans le courant descendant,

Fig. 10

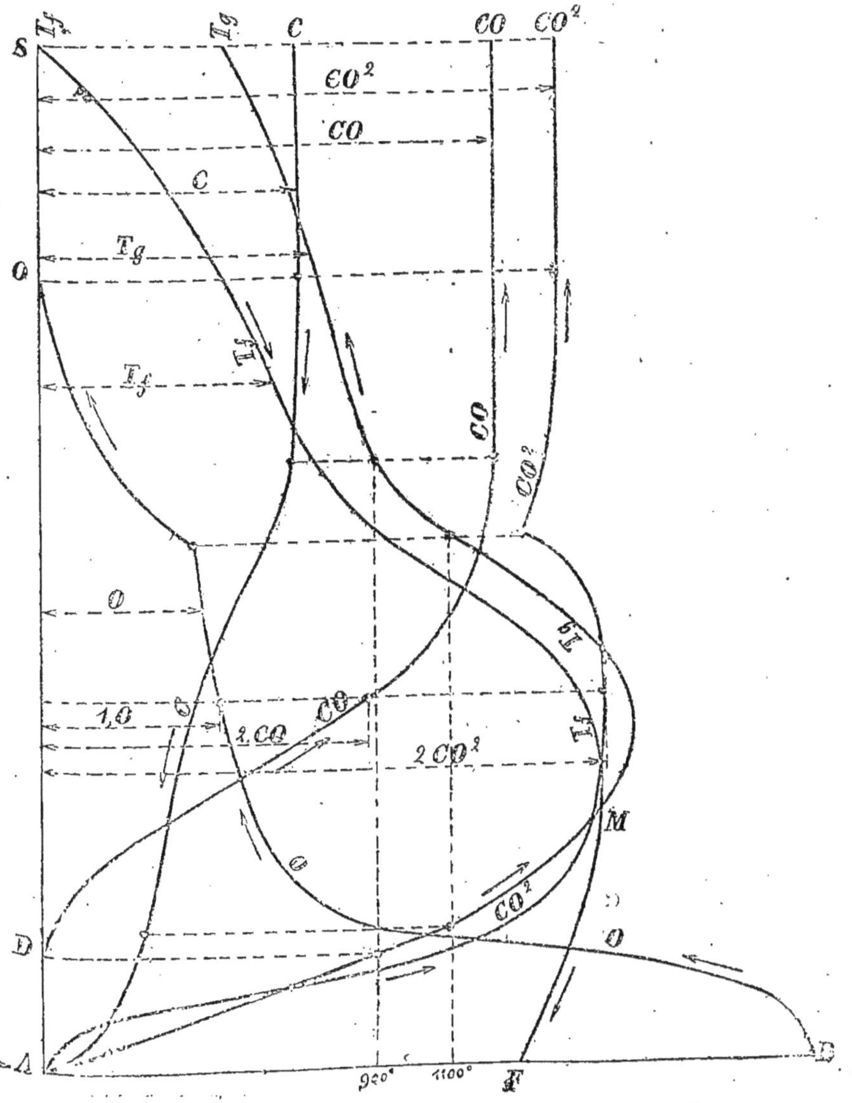

FT_fT_f, la courbe relative aux températures de la fonte dans le courant descendant.

Ces six courbes, corrélatives les unes des autres, sont évidemment supposées, car leur détermination exacte est presque impossible, même expérimentalement. Elles vont pouvoir, néanmoins, nous permettre d'étudier leurs relations réciproques, et par suite, servir à nous rendre compte du fonctionnement intérieur du cubilot. De ce que la température maximum produite (environ 1700°) est limitée d'une part par le phénomène de dissociation qui commence à se produire vers 1100° et restreint de plus en plus, à partir de cette température, la production de l'acide carbonique, et d'autre part, par la transformation de l'acide carbonique en oxyde de carbone, qui s'accompagne d'un refroidissement considérable, on peut admettre que la courbe AT_g (des variations de température de la colonne gazeuse ascendante), ayant les températures pour abcisses, doit s'élever très rapidement à partir de A, en raison de l'acide carbonique produit et de la température très élevée du milieu dans lequel cet acide carbonique se forme; qu'à partir d'environ 900°, cette élévation rapide commence à subir un ralentissement dû au commencement de décomposition en oxyde de carbone de l'acide carbonique produit précédemment; puis, qu'à partir d'environ 1100°, le ralentissement dans l'élévation de température des produits gazeux doit devenir de plus en plus considérable par le fait de la dissociation s'ajoutant à celui de la transformation de l'acide carbonique en oxyde de carbone, l'augmentation de température serait même à peu près suspendue, si à ce moment le fer et le silicium en brûlant ne produisaient une quantité de chaleur considérable; qu'enfin, elle atteint son maximum d'environ 1700° quand la dissociation est parvenue à son point culminant; c'est-à-dire que les proportions d'acide carbonique, d'oxyde de carbone et d'oxygène, dans la colonne gazeuse ascendante, sont respectivement, en volume, dans le rapport 2, 2 et 1.

La courbe ACO^2 (des variations de l'acide carbonique dans la colonne gazeuse ascendante), ayant les valeurs de CO^2 pour abcisses, doit s'élever lentement d'abord dans le premier instant à partir de A, l'air comburant étant supposé froid, et la quantité de carbone existant en face des tuyères étant relativement faible, puisque la plus grande partie du carbone existant dans les charges a dû être consumée à un niveau plus élevé; mais ensuite, aussitôt que l'air a acquis une température un peu élevée, aux dépens des matières en contact, et que la quantité de coke qu'il rencontre devient plus considérable, cette courbe doit s'élever vivement jusqu'à ce que la température de la colonne gazeuse atteigne environ 900°; au delà un léger ralentissement doit se manifester dans la production de l'acide carbonique par suite du commencement de sa transformation en oxyde de carbone. Quand la température de la colonne gazeuse ascendante arrive aux environs de 1100° et que commencent à se manifester les effets de dissociation, un rapide ralentissement de production d'acide carbonique a lieu du double fait de l'augmentation de température qui, bien que plus lentement, continue à se produire et augmente la tension de dissociation, et de l'accélération de la transformation de l'acide carbonique en oxyde de carbone. Lentement alors, la proportion d'acide carbonique arrive à son maximum, à peu près en même temps que la température.

La courbe DCO (des variations de l'oxyde de carbone dans la colonne gazeuse ascendante), ayant pour abcisses les valeurs de CO, prend naissance à une longueur d'ordonnée AD correspondant à peu près à la température 900° de la colonne gazeuse; cette courbe s'élève d'abord très lentement, la température de l'acide carbonique étant relativement faible, la quantité d'acide carbonique n'étant pas encore très élevée et

8

surtout la quantité d'oxygène libre étant encore considérable et tendant à ramener en acide carbonique l'oxyde de carbone formé; au delà de la température 1100°, correspondant à l'origine de la dissociation de l'acide carbonique, la production d'oxyde de carbone croît vivement alimentée d'une part par le fait de la dissociation de l'acide carbonique en carbone et en oxyde de carbone et d'autre part par l'acide carbonique continuant à se réduire en oxyde de carbone par son contact avec le carbone incandescent, cet oxyde de carbone ne pouvant se transformer en acide carbonique, malgré l'oxygène libre auquel il est mêlé, par suite de la dissociation qui, à cette température élevée, s'exerce également sur l'oxyde de carbone. Cet accroissement dans la production d'oxyde de carbone doit se prolonger au delà de l'arrivée à son maximum de la proportion d'acide carbonique contenue dans la colonne gazeuse ascendante.

La courbe BOO (des variations de l'oxygène de l'air comburant dans la colonne gazeuse ascendante), ayant pour abcisses les quantités d'oxygène, descend lentement au début, par suite de la formation très faible d'acide carbonique dans le premier instant, en raison de sa faible température et du peu de carbone en contact, puis elle descend rapidement pour arriver au point correspondant à peu près à la température 1100°, vers laquelle commencent à se produire les effets de dissociation de l'acide carbonique et de combustion du fer et du silicium; au delà de ce point, sa décroissance devient de plus en plus faible, comme la formation de l'acide carbonique, puisque pendant toute la durée de la dissociation, il n'y a de carbone brûlé en acide carbonique : 1° que la quantité assez faible correspondant à l'augmentation partielle de température produite, la majeure partie de l'augmentation de température qui a lieu pendant cet instant devant provenir de la combustion du fer et du silicium; 2° que celui qui reforme l'acide carbonique remplaçant dans la colonne gazeuse la quantité d'acide carbonique réduite en oxyde de carbone.

Nous avons laissé la courbe ACO^2 (relative à l'acide carbonique dans la colonne gazeuse ascendante) à son arrivée au maximum d'abcisses correspondant à peu près à son maximum de température. En cet instant, la production d'oxyde de carbone par réduction d'acide carbonique et par dissociation de ce dernier gaz est très considérable et atteint aussi son maximum, tandis que la température du gaz va commencer à décroître de plus en plus rapidement par suite : 1° de l'accroissement considérable de l'oxyde de carbone provenant de la réduction de l'acide carbonique ; 2° de la décroissance dans la production d'acide carbonique, décroissance qui va s'accentuer de plus en plus par l'effet de la diminution de plus en plus considérable de l'oxygène libre de l'air comburant et 3° enfin, par le refroidissement apporté dans leur descente par les matières chargées, dont la température subit dans cette région un accroissement considérable. Il va même arriver que la somme de ces différentes causes de refroidissement va ramener promptement la température du courant gazeux ascendant à 1100°, et alors cesse la dissociation de l'acide carbonique ; puis à 900°, et alors s'arrête également la production d'oxyde de carbone. La quantité d'oxyde de carbone contenue dans le courant gazeux ascendant, à partir de cette température 900°, demeurera constante dans son cheminement à travers les matières chargées dans le cubilot, cela jusqu'à son dégagement au-dessus du niveau des charges et là, comme l'oxyde de carbone se trouve en présence d'une quantité d'air et par suite d'une quantité d'oxygène indéfinie, il pourra brûler en flammèches bleues caractéristiques si sa température est encore suffisamment élevée (au moins 500 à 600°) quand il émerge des charges.

Quant à l'acide carbonique qui, à partir de la température 1100° environ, a cessé de se dissocier, comme il se trouve

encore en présence d'une faible quantité d'oxygène, sa proportion pourra s'accroître quelque peu dans la colonne
gazeuse, jusqu'à épuisement complet de l'oxygène libre. Toutefois, entre 1100 et 900°, cet acide carbonique continuer
à fournir une certaine quantité d'oxyde de carbone par sa
réduction au contact du carbone incandescent; mais cette
quantité ne pourra être que minime, la température du carbone dans cette région n'étant pas encore fort élevée.

Puis, à partir de l'instant où l'oxygène de l'air comburant
est entièrement combiné, la quantité d'acide carbonique
contenue dans le courant gazeux ascendant devient inva-
riable et continue à s'élever à travers les matières chargées
dans le cubilot jusqu'à se dégager à l'état de flammes rouges
si la température du courant gazeux est encore assez élevée
(600 à 700°).

A partir de l'instant où, par suite de l'abaissement de
température des gaz, la dissociation de l'acide carbonique
s'arrête, l'oxygène de l'air comburant, dont la décroissance
avait été presque suspendue pendant la durée de la dissociation, va se perdre rapidement puisqu'il se trouve en présence
d'une quantité de carbone relativement considérable et que
le carbone et l'air comburant sont à une température assez
élevée. Finalement tout l'oxygène libre se trouve épuisé à un
niveau un peu supérieur à celui correspondant à la fin de la
dissociation.

Si maintenant nous étudions la marche des matières,
coke, fonte et castine formant, dans le cubilot, le courant
descendant, comme ces matières sont chargées froides, le
point de départ de la courbe ST_fF relative aux températures
du courant solide descendant sera en S; et cette courbe
tendra à se rapprocher de la courbe T_gA (des températures
de la colonne gazeuse ascendante) d'autant plus vivement
que la différence des abcisses correspondant à ces deux
courbes, ou des températures des deux courants inverses

sera plus considérable; par suite, à mesure que le courant
solide s'enfoncera dans le cubilot, sa température deviendra
de plus en plus voisine de celle du courant gazeux; et comme
ce dernier a un maximum de température situé au point correspondant au maximum de dissociation des gaz comburés,
en dessous de ce maximum, les températures des deux cou
rants devront finir par s'égaler; par suite les deux courbes
ST_fF et AT_g des températures devront finir par se couper en un
point M de la courbe ST_fF correspondant à peu près au maximum de température du courant descendant, puisque au delà
de ce point de rencontre M, l'action de la courbe AT_g sur la
courbe ST_fF se continuant proportionnellement à la différence de leurs abcisses correspondantes, ou des températures
de chacun des courants inverses, fera rétrograder la partie
MF de la courbe ST_fF en diminuant ses abcisses; donc à
partir de M, le courant solide, qui avait continuellement subi
des accroissements de température jusque-là, va à l'inverse
éprouver des diminutions de température assez notables, en
réagissant sur l'air comburant pour l'échauffer. Notons que
dans le parcours correspondant à la partie MF de la courbe
ST_f F, le courant solide ne se compose plus guère que de
fonte et de laitiers liquéfiés, c'est donc le laitier et la fonte
liquides qui doivent supporter seuls l'abaissement de température produit.

Notons encore que la fusion liquide de la fonte, vers 1100°
a dû commencer à s'opérer en entrant dans la zone de dissociation et par suite que la fonte a dû traverser presque entièrement cette zone à l'état liquide et en présence d'une
quantité d'oxygène libre assez considérable dans le courant
ascendant; par suite qu'une portion assez notable du fer et
du silicium de cette fonte a dû s'oxyder en traversant cette
zone et surtout en arrivant à sa partie inférieure. La température excessive de l'oxygène n'a pu qu'exalter l'oxydation,
malgré la présence de l'oxyde de carbone qui, du reste, ne

doit exister qu'en quantité très minime au bas de la zone
de dissociation. En dessous de cette zone, l'oxydation a dû
être énergique encore, en raison de la quantité considérable
d'oxygène libre qui y existe et de l'oxyde de carbone qui
n'existe pas encore.

Enfin, la courbe CCA (des variations du carbone dans la
colonne solide descendante), ayant pour abcisses les quantités
de carbone, prend naissance en C et doit demeurer parallèle
à l'axe des ordonnées AS tant que la proportion d'acide carbonique, dans la colonne gazeuse ascendante, demeure constante, puisqu'il n'y a plus de consommation de carbone
par suite du manque d'oxygène, et d'une température trop
basse pour la réduction de cet acide carbonique en oxyde de
carbone ; mais à partir de l'instant où l'oxygène libre se rencontre dans la colonne gazeuse ascendante, la consommation
de carbone doit commencer, lentement d'abord, à cause du
peu d'oxygène libre, puis un peu plus rapidement quand ce
carbone est rencontré par le courant gazeux ascendant à la
température d'environ 900° et que la réduction de l'acide
carbonique en oxyde de carbone, aux dépens du carbone
incandescent, commence; puis lentement, quand ce carbone
arrivant en contact avec la colonne gazeuse ascendante à la
température d'environ 1100°, la dissociation commence et
suspend presque complètement la combustion du carbone en
acide carbonique, et que le carbone ne se consomme plus
que pour fournir à l'acide carbonique la quantité nécessaire
à la réduction partielle de cet acide carbonique en oxyde de
carbone. Au delà de la zone de dissociation et pendant le
court instant durant lequel la colonne gazeuse ascendante
passe de 1100° à 900°, la combustion du carbone redevient
active et rapide, puisqu'il est à la fois brûlé en acide carbonique par l'oxygène de l'air comburant et en oxyde de carbone par la réduction d'une certaine quantité d'acide carbonique; au delà, le peu de carbone restant encore dans la

colonne descendante est brûlé avec rapidité, et complètement en acide carbonique, par l'oxygène de l'air comburant.

Voyons maintenant quelles conclusions pratiques il est possible de dégager de l'ensemble de ces considérations, au point de vue de la marche du cubilot.

Les éléments de cette marche sont :

(a). Quantité de carbone employée par 100 kilog. de fonte à mettre en fusion.

(b). Volume de vent lancé dans l'unité de temps.

(c). Volume intérieur du cubilot.

(a). Toutes autres choses égales, *si la quantité de carbone chargée par 100 kilog. de fonte augmente, le volume des gaz produits par la combustion de ce carbone augmentera également et à peu près dans la même proportion;* et comme le le maximum de température de ces gaz à l'apogée de la dissociation correspondra encore aux proportions :

Oxyde de carbone. . . 2 volumes,

Acide carbonique. . . 2 — ,

Oxygène. . . . . . 1 — ,

plus, la quantité d'azote mélangé dans l'air atmosphérique avec l'oxygène employé, la dissociation s'effectuera encore comme précédemment et à peu près au même niveau. En effet, la proportion de carbone étant augmentée, la proportion d'oxygène de l'air comburant qui devra brûler ce carbone augmentant proportionnellement, les actions réciproques de l'oxygène sur le carbone ne seront pas changées et devront s'effectuer dans le même temps, ou, ce qui revient au même, après la même durée de contact, le même chemin parcouru, donc le niveau correspondant au maximum de dissociation et aussi au maximum de température du courant gazeux ascendant demeure à peu près le même, à la condition cependant que le volume d'air lancé ait augmenté proportionnellement à l'augmentation du carbone chargé par 100 kilog. de fonte, sinon, le niveau du maximum de dissociation serait p élevé au-dessus des tuyères. Toutefois, comme en arrivant à ce maximum, il y a eu plus de carbone de brûlé que précédemment, la température maximum produite devra être plus élevée. Ainsi, supposons qu'au lieu de la quantité $5^k,773$ de carbone pur, par 100 kilog. de fonte, admise précédemment dans le calcul qui nous a donné 1703° comme température maximum atteinte, nous en consommions deux fois plus, soit

$$2 \times 5,773 = 11^k,546,$$

la composition des produits de la combustion de ces $11^k,546$ de carbone donnant la température maximum sera :

Oxyde de carbone. . . $1,167 \times 11,546 = 13^k,4.$
Acide carbonique . . . $1,833 \times 11,546 = 21^k,$
Oxygène. . . . . . . $0,667 \times 11,546 = 7^k,66.$
Azote . . . . $8,92 \times 11,546 = 102^k,4.$

Ces gaz étant mélangés à 100 kilog. de fonte possédant une température de 1300°, au moins, l'équation qui donnera la température maximum sera :

$$t[(13,4 \times 0,248) + (21 \times 0,216) + (7,66 \times 0,218)$$
$$+ (102,4 \times 0,244) + (93,5 \times 0,22) + (9,277 \times 0,322)$$
$$= (0,5 \times 11,546 \times 8080) + (0,5 \times 11,546 \times 2473)$$
$$+ (93,5 \times 1300 \times 0,22) + (9,277 \times 1300 \times 0,322) + 9347$$
$$58,11t + 100827 \text{ calories}$$

d'où $$t = \frac{100,827^c}{58.11} = 1735°,$$

en négligeant l'influence réfrigérante des parois du cubilot. Somme toute, par le fait de l'emploi d'une quantité double de carbone par kilogramme de fonte, il y a eu une augmentation de température ; mais cette augmentation :

$$1735 - 1704 = 31°$$

est, comme on le voit, très minime et loin de correspondre à la différence de consommation du combustible. Cela explique les consommations élevées de coke par 100 kilog. de fonte auxquelles on est forcé de recourir pour obtenir les fontes très chaudes nécessaires à la production d'objets de minime épaisseur, et les consommations bien plus considérables encore exigées par la fusion des fontes peu carburées devant être assez chaudes pour produire des pièces généralement minces et délicates, qui ultérieurement devront être transformées en fonte malléable par décarburation.

Si nous nous reportons aux courbes précédemment tracées, nous trouverons que l'augmentation de combustible a eu pour effets d'étendre la zone de dissociation, d'augmenter la durée de production de l'oxyde de carbone, la hauteur pendant laquelle cette production est la plus active, de maintenir sur une plus grande hauteur la température maximum produite et par suite de faire commencer la fusion de la fonte à un niveau plus élevé, de rendre plus considérable la proportion d'oxyde de carbone dans les gaz, ce qui permet la carburation de la fonte liquéfiée si, primitivement, elle était éloignée de son point de saturation et si la proportion d'oxyde de carbone dans les gaz est assez considérable, enfin, d'élever la température du courant gazeux ascendant et celle du courant solide descendant. En résumé, l'augmentation de chaleur produite par l'augmentation du combustible employé se partage encore à la fois: en chaleur sensible, élevant la température de la fonte liquéfiée et celle des gaz dégagés au gueulard, et en chaleur latente, élevant la proportion d'oxyde de carbone contenue dans ces gaz.

(b.) *Quantité de vent lancée dans l'unité de temps.* — Ce volume Q d'air lancé a pour facteurs la vitesse V du vent et la section S des tuyères; et comme

$$V = \sqrt{2g\,P},$$

s'il n'existait aucune contre-pression dans le lancement du volume d'air Q à l'intérieur du cubilot, ce volume d'air et par suite le régime de production qui y correspond croîtrait proportionnellement à $\sqrt{P}$. Il n'en est pas ainsi, et la production du cubilot croît plus lentement encore. En effet, quelle que soit la pression aux tuyères ou la section de ces tuyères, pour une vitesse de production et une consommation de combustible données, la contre-pression P′ dans l'intérieur du cubilot, au niveau des tuyères, doit avoir une certaine valeur déterminée et fonction 1° du rapport $\dfrac{Q}{s}$ du volume d'air lancé à la somme s des sections des petits canaux sinueux formés par les fragments de matières chargées et servant de conduite à la colonne gazeuse ascendante, ou fonction de la vitesse $v' = \dfrac{Q}{s}$ de circulation des gaz à travers les interstices des charges; p_1 étant la pression correspondant à cette vitesse v', on aura : $v' = \sqrt{2g\,p_1}$ d'où $p_1 = \dfrac{v'^2}{2g} = \dfrac{1}{2g} \cdot \dfrac{Q^2}{s^2}$

Cette pression p_1 sera donc proportionnelle au carré du volume Q d'air lancé par seconde et inversement proportionnelle au carré de la section s des conduits sinueux formés par les matières contenues dans le courant solide descendant. Par suite, p_1 croîtra rapidement avec la quantité d'air lancé dans l'unité de temps et avec l'état plus menu des matières chargées, s devenant d'autant plus faible que ces matières sont réduites en plus petits fragments.

2° La contrepression P′ doit être encore fonction du rapport $\dfrac{H}{s}$ de la longueur des petits canaux sinueux à leur section, par suite de la perte de charge à laquelle ce rapport correspond. En désignant par p_2 cette perte de charge due aux frottements, nous aurons :

$$p_2 = n \cdot \frac{H}{s},$$

n, coefficient numérique ;

H, distance des tuyères au niveau supérieur des charges.

A cause de s qui se modifie à chaque instant pendant la descente des charges et qui, du reste, ne se prête à aucune détermination, nous ne pouvons trouver ni la valeur de p_1, ni celle de p_2 de chacune desquelles est fonction P'; toujours est-il que nous pouvons en conclure que la contrepression P' existant à l'intérieur du cubilot, en face des tuyères, a une valeur moyenne déterminée pour chaque valeur du volume Q d'air lancé par seconde, qu'elle croît rapidement avec ce volume et qu'elle croît encore avec la hauteur des charges existant au-dessus du niveau des tuyères.

Pour que le volume Q d'air lancé dans les tuyères puisse pénétrer dans ce milieu à pression P', il faut qu'au minimum le jet d'air possède une pression P telle que l'on ait :

$$V = \sqrt{2g\,(P - P')}$$

d'où

$$P = \frac{V^2}{2g} + P'$$

Ce jet d'air, à la pression P, se détendra ensuite, dès son introduction dans le cubilot, jusqu'à ce que sa pression devienne égale à P' correspondant à la production du cubilot déterminée par $SV = Q$.

Si la pression motrice de l'air dans son passage à travers les tuyères devient supérieure à P, une autre contrepression P'', plus élevée que P', s'établissant en face des tuyères, déterminera un nouveau régime de production proportionnel à $SV' = Q'$ plus considérable que celui dû à l'introduction du volume Q; mais qui sera loin de correspondre à l'augmentation de pression motrice.

Si, au contraire, la pression motrice du jet d'air, à son issue des tuyères, devient inférieure à P, une autre contrepression P''', plus faible que P' se formera en face des tuyères et un nouveau régime de production proportionnel à $SV'' = Q''$ et inférieur à celui qui correspond au volume Q s'établira ; et il pourra avoir ceci de remarquable : c'est que quelle que soit l'augmentation de section des tuyères, si la pression motrice est plus faible que P', Q'' sera toujours plus faible que Q, puisque le volume Q d'air lancé par seconde correspond à la contrepression P′ que la pression du vent ne peut vaincre. Le débit de vent sera alors limité par l'écoulement de l'air sous la pression P‴ à travers les canaux sinueux *s* et le cubilot refusera tout volume de vent supérieur à ce débit, quelle que soit la grandeur de section des tuyères. Ce fait se présente fréquemment dans l'emploi des ventilateurs à force centrifuge, lorsque par suite d'une cause quelconque, la vitesse de ce ventilateur diminuant, la pression du vent qui en résulte décroît notablement.

On conçoit que l'emploi de tables donnant la vitesse V du vent calculée d'après l'expression $V = \sqrt{2gP}$ ne puisse être d'aucun secours pour mesurer, même approximativement, le débit des tuyères au moyen du produit $SV = Q$, puisque d'une part la vitesse effective est considérablement réduite par la contrepression P′ qui est d'autant plus élevée que le cubilot a plus de hauteur, que les charges sont plus menues et que la vitesse du courant gazeux correspondant à la production du régime est plus considérable ; et d'autre part, qu'il peut même arriver, quand la pression motrice du vent est inférieure à la contrepression correspondant à la production de régime, que le volume de vent pénétrant dans le cubilot ne dépend plus de la section S des tuyères ; mais est limitée par la somme *s* des sections des canaux sinueux qui s'établissent à travers les charges et se modifient à chaque instant.

En somme, le régime de production d'un cubilot par heure — à peu près proportionnel au volume Q d'air introduit — croît bien plus lentement que $\sqrt{P}$, quand la pression motrice P du vent s'élève ; elle peut tomber très rapidement quand P diminuant arrive en dessous d'une certaine valeur, variable pour chaque cubilot avec sa hauteur, ses dimensions transversales, la nature et la grosseur des matières chargées, et que le cubilot refuse une partie du vent lancé par les tuyères.

Le volume des gaz et leur vitesse croissent à peu près proportionnellement au volume d'air introduit ; si, en effet, on double ou triple la quantité de vent, on double ou triple le poids de carbone brûlé et dès lors aussi la vitesse du courant descendant, par suite, la vitesse des deux courants inverses croît et décroît en même temps avec le volume d'air ; or, pour que la fusion puisse avoir lieu, celle de la fonte en gros fragments surtout, il faut que les charges métalliques restent exposées pendant un temps d'autant plus long au courant ascendant gazeux et chaud que ces charges contiennent des morceaux plus volumineux. Si la vitesse des deux courants est trop grande, la fusion de ces gros morceaux ne sera que partielle et ces fragments incomplètement fondus arriveront jusqu'aux tuyères, dans la région oxydante et relativement froide, ils y seront brûlés en partie et leur fusion complète ne pourra s'opérer que par l'action de la fonte liquide provenant des morceaux plus menus qui, en tombant en gouttelettes sur ces morceaux à demi fondus, les dissoudra peu à peu en se refroidissant à leur contact. Ces gros fragments qui, par suite d'une marche trop rapide, n'ont pu fondre avant d'atteindre les tuyères produiront donc le refroidissement de la fonte dans le creuset et la dénaturation partielle de cette fonte.

A chaque cubilot et charge métallique donnés, doit donc correspondre un maximum de production qu'on ne pourrait dépasser impunément puisqu'au delà de cette limite la fusion des gros fragments ne se complète qu'aux dépens de la chaleur de la fonte liquide provenant des fragments plus menus.

Par contre, une marche trop lente offre aussi des inconvénients graves, on ne tire pas des appareils tout l'effet utile qu'ils comportent, parce que la main-d'œuvre, les pertes de chaleur par absorption des parois, l'entretien, les frais généraux, etc., sont presque toujours plus élevés avec une marche lente qu'avec une marche rapide. De plus, la consommation croît par le fait même du séjour trop prolongé du charbon solide au milieu de l'acide carbonique. Il se forme d'autant plus d'oxyde de carbone que ce contact dure davantage. Dans certains cas, les consommations outrées de certains cubilots à production faible résultent en partie de cet excès de lenteur de leur allure ; ces consommations exagérées tiennent aussi, en grande partie, à la trop faible pression du vent injecté dans les cubilots.

Tandis qu'une marche trop rapide donne des fontes froides et dénaturées, et des gaz à température élevée lorsqu'ils s'échappent du cubilot, une allure extra-lente fournit également des fontes froides et de plus des gaz riches en oxyde de carbone. Il faut donc éviter les deux extrêmes, c'est-à-dire proportionner le volume d'air au volume du cubilot.

Il faut encore éviter dans les charges les morceaux trop volumineux ; mais lorsque cela n'est pas possible, on doit marcher en allure plus lente et se résoudre à en subir les inconvénients.

Une fusion régulière et rapide exige l'uniforme répartition du courant gazeux, car il est évident que si les gaz ne traversent pas au même degré toutes les parties des fragments à fondre, la marche de la fusion est irrégulière et reproduit les défauts signalés précédemment à propos de l'emploi de morceaux trop volumineux dans les charges.

La charge parviendra inégalement fondue dans la région oxydante, pour achever sa fusion un excès de chaleur dans la fonte liquéfiée sera nécessaire et nous avons vu précédemment combien tout excès de chaleur dans la fonte liquide est onéreux. Or, ce qui nuit le plus souvent à l'uniforme répartition du courant gazeux, c'est l'irrégularité du profil intérieur du fourneau et la trop faible pression du vent.

Pour que les gaz s'élèvent uniformément répartis dans la cuve du cubilot, il faut que sa section soit assez faible et la pression du vent assez forte pour que l'air pénètre au niveau des tuyères jusqu'au centre même de la cuve ; par conséquent il faut des sections d'autant plus faibles que le vent a moins

de pression, que les charges sont plus menues, plus tassées
sous leur propre poids. Cependant les gaz ont une certaine
tendance à suivre de préférence les parois, parce que ces
parois sont plus chaudes et que les charges y sont moins tassées qu'au centre. D'autre part, le frottement des charges
contre les parois y retarde leur mouvement de descente, de
sorte que précisément la colonne centrale plus imperméable
aux gaz et subissant moins leur action calorifique tendrait à
descendre plus vite; mais il n'en est pas ainsi et par suite des
gaz plus abondants aux parois qu'au centre, la fusion doit
s'opérer rapidement près des parois, et d'autant plus que la
vitesse des gaz y est plus considérable et que la vitesse de descente des charges y est moindre. Le vide laissé par la fusion
et rempli par les charges supérieures compense ainsi le retard

à la descente produit par le frottement des charges contre les parois
et ramène cette descente à être à
peu près uniforme quand la section
du cubilot n'est pas trop considérable.

On diminue le frottement des
charges le long des parois et, par
suite, on favorise leur descente uniforme en contractant un peu le
fourneau vers le haut, car sous l'action de la pesanteur, les matières
solides se détachent d'autant plus
des parois que celles-ci surplom-
bent davantage; mais dans ce cas,
la cuve s'élargit et pour concentrer
la chaleur dans la zone de dissociation, qui est aussi celle de fusion,

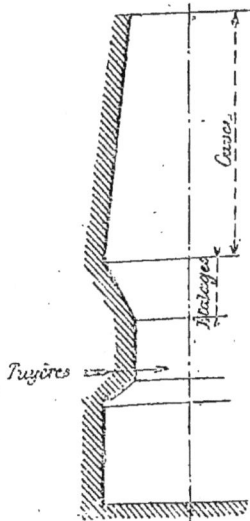

Fig. 11

et étendre verticalement cette zone plutôt qu'horizontalement,
il est nécessaire de contracter le fourneau avant d'arriver aux

tuyères et alors, on raccorde *(fig. 11)* le diamètre contracté,
au-dessus des tuyères, au diamètre élargi de la cuve, au
moyen d'étalages assez inclinés pour ne pas arrêter la descente des charges ; l'évasement de ces étalages vers le haut
sera particulièrement propre à ramener les gaz vers le centre.

On ne rencontre plus guère aujourd'hui de cubilots (1) marchant à une seule tuyère, cette marche ne pouvant produire
qu'une mauvaise répartition du vent ; un grand nombre de
tuyères favorise sa répartition plus uniforme ; mais il ne faut
pas cependant en exagérer le nombre sous peine de com-
promettre la solidité des parois qu'elles traversent. Généralement quatre tuyères sont suffisantes et on les dispose
horizontalement au même niveau aux extrémités de deux
diamètres à angle droit, en faisant en sorte que les axes des
tuyères en regard soient parallèles et distants de 5 à 10 centimètres pour éviter la collision des jets d'air qui reflueraient
vers les parois ; on cherche ainsi à obtenir un tournoiement
du vent dans le plan des tuyères, afin que la combustion y
soit plus régulière et moins localisée. Reste à savoir à quel
point cette déviation de l'axe des tuyères remplit le but visé.
Les matières solides existant devant ces tuyères doivent être
un obstacle bien autre à la répartition du vent que celui des
deux jets venant se rencontrer.

Enfin, d'après la figure 10, nous avons pu voir que ce
n'est qu'après un certain trajet du vent à l'intérieur du
cubilot que la dissociation commence à s'opérer et que la
température des gaz formés par la combustion atteint son

---

(1) Les anciens cubilots étaient surtout caractérisés par leur peu de
hauteur, une tuyère unique, un large diamètre dans la région de cette
tuyère et une pression de vent relativement faible. Il devait s'ensuivre un
défaut de pénétration du vent dans les charges, une zone de dissociation
trop étendue en surface et trop peu en hauteur, une marche extra-lente
dans la zone d'oxydation, le refroidissement de la fonte liquide traversant
cette zone et finalement, de la fonte chaude ne pouvait être obtenue dans
ces appareils qu'au moyen d'une consommation outrée de combustible.

maximum. Soit AN *(fig. 12)* la longueur de la trajectoire correspondant à cette arrivée au maximum, il est évident que

plus la pression du vent, à son entrée dans le cubilot, sera forte, plus longtemps sa trajectoire moyenne se confondra avec l'axe prolongé des tuyères avant de se relever pour pénétrer verticalement dans les charges, et plus encore la zone des températures maxima devra se rapprocher du plan des tuyères. Il s'ensuit que, lorsque la pression du vent est trop forte, le jet d'air traverse complètement la

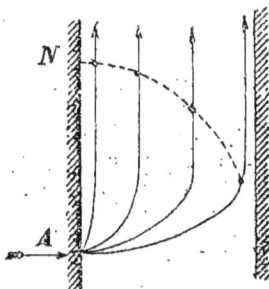

Fig. 12

masse des matières situées en face des tuyères et, en parvenant à sa température maximum, il vient s'épanouir sur la paroi opposée y creuser des excavations et y former un courant qui peut très bien ne plus rentrer dans l'intérieur de la colonne solide. Si la pression est trop faible le vent reste sur les bords, sans pénétrer dans la masse, détruit les parois en les longeant dans son ascension. Si donc, marchant à bonne pression, on veut modifier l'allure, la production du cubilot, il ne faudra le faire qu'en changeant le diamètre des tuyères et non la pression du vent.

(c). *Volume intérieur du cubilot.* — La rapidité plus ou moins grande de la descente des charges à l'intérieur d'un cubilot, ou la durée du séjour de ces charges dépend à la fois du volume d'air lancé et du cube intérieur de ce cubilot. C'est, en effet, le combustible des charges qui, en brûlant par l'air injecté et se transformant en produits gazeux qui s'échappent et liquéfiant la fonte qui s'écoule, produit un vide que viennent combler à mesure les charges supérieures et ce vide produit une descente des charges d'autant plus rapide que le volume intérieur du cubilot est plus faible.

9

Q étant le volume d'air injecté par heure et produisant la combustion d'un poids C de carbone, on peut poser :

$$Q = \alpha C$$

α représentera le volume d'air nécessaire à la combustion de 1 kilog. de carbone;

d'où
$$C = \frac{Q}{\alpha}.$$

Par kilogramme de fonte dans les charges, il est ajouté une quantité c de carbone qui sera entièrement brûlée (en CO_2 et CO) quand la fonte chargée arrivera liquide aux tuyères ; par heure, il devra donc passer aux tuyères une quantité de fonte B égale à $\dfrac{C}{c} = \dfrac{Q}{\alpha c}$, et B sera la production du cubilot en fonte liquide par heure. D'où, cette production B est proportionnelle au rapport $\dfrac{C}{c}$ de la quantité C de combustible brûlé par heure à la quantité c de combustible nécessaire à la fusion de 1 kilog. de fonte; ou encore au rapport $\dfrac{Q}{\alpha c}$ du volume Q de vent lancé par heure au volume αc d'air nécessaire à la fusion de 1 kilog. de fonte. Q restant constant, la production B sera d'autant plus élevée que c sera faible, c'est-à-dire que la marche du cubilot sera économique. Soit v_1 le volume d'une charge, p_1 le poids de fonte qu'elle contient c_1 le poids de carbone accompagnant cette fonte dans la charge, la production B correspondra à un nombre de charges m égal à :

$$m = \frac{B}{p_1},$$

et si le cubilot renferme un nombre n de charges, son cube intérieur V depuis le gueulard jusqu'aux tuyères sera :

$$V = n v_1.$$

Le temps t_1 employé à la fusion d'une charge sera :

$$t_1 = \frac{1}{m}.$$

La durée t de séjour d'une charge dans le cubilot sera :

$$t = nt_1 = \frac{n}{m} \cdot$$

Pour le volume v_1 d'une charge, on peut poser :

$$v_1 = \beta p_1,$$

β étant un coefficient numérique dépendant de la densité du combustible et du métal en tas ;

et alors
$$V = nv_1 = n\beta p_1$$

d'où
$$n = \frac{V}{\beta p_1}$$

et comme
$$m = \frac{B}{p_1},$$

on pourra exprimer la valeur du temps t par :

$$t = \frac{n}{m} = \frac{Vp_1}{Bp_1 B} = \frac{V}{\beta B} \cdot$$

Le temps t qu'une charge mettra à parvenir du gueulard aux tuyères est donc indépendant du poids p_1 de la fonte contenue dans cette charge, il est proportionnel au cube intérieur V du cubilot et inversement proportionnel à sa production B par heure et au coefficient $\beta = \dfrac{v_1}{p_1}$ lequel est d'autant plus grand que le combustible employé est plus léger.

La durée de séjour d'une charge à l'intérieur d'un cubilot doit être d'autant plus grande que les fragments métalliques sont plus volumineux, afin que la fusion de ces morceaux soit bien obtenue avant qu'ils ne parviennent dans la région froide et oxydante des tuyères, il faudra donc pour une production donnée, par heure, que le cube intérieur du cubilot soit en rapport avec le volume des fragments métalliques à fondre.

Ainsi, ce temps t n'est pas arbitraire; pour la fusion complète d'une fonte donnée en nature et en volume, il ne doit pas descendre en dessous d'un certain minimum — que nous

avons reconnu être de 30 minutes, en moyenne, pour des
charges contenant 70 0/0 de fonte en morceaux de 15 à 25^k
environ, et 30 0/0 de menue fonte, dans le cubilot sur lequel
ont porté les expériences citées précédemment, et avec une
production moyenne de 2,000 kilog. par heure; ce cubilot,
en bon état, contient 5 charges de 200 kilog. de fonte et de
14 kilog. de coke dense, ce qui donne pour valeur de

$\beta : \dfrac{0^{ms},178}{200^k} = 0,00089$, le cube intérieur de ce fourneau étant

$0^{ms},89$ depuis le gueulard jusqu'au-dessus du coke de remplissage.

D'autre part, il y a tout avantage à tenir minimum cette
valeur de t, puisqu'elle mesure non seulement la durée de
séjour de la fonte dans le cubilot; mais aussi celle du combustible, et que la transformation de ce combustible en oxyde
de carbone par l'acide carbonique du courant gazeux est
d'autant plus considérable que t est plus élevé. Donc t minimum devrait être, pour chaque cubilot, une quantité
constante bien déterminée, puisque l'on ne peut s'en écarter
sans inconvénients.

Cela étant, et comme de $t = \dfrac{V}{\beta B}$ on tire :

$$V = t\beta B,$$

il en résulte que le cube intérieur d'un cubilot doit être
proportionnel 1° à t minimum, 2° à $\beta = \dfrac{v_1}{p_1}$, qui sera d'autant plus élevé que le combustible employé sera moins
dense, et 3° à B, la production par heure.

(c). *Volume intérieur du cubilot.* — Ce volume V, que nous
désignerons par volume utile, n'est pas le cube intérieur
total du cubilot, puisqu'il ne comprend pas celui du creuset,
lequel n'influe aucunement sur la marche du cubilot et n'a
d'autre but que de servir de réservoir à la fonte liquide.
Notons une fois pour toutes que le creuset doit être d'autant

plus grand que le poids des pièces à couler est plus considérable; cela, quelle que soit la production du cubilot. Cependant, on a tout intérêt à tenir ce creuset aussi faible que
possible parce que plus le poids de fonte qu'il contient par
rapport à la production du cubilot est considérable, plus
la fonte s'y refroidit et surtout plus il faut employer de
coke de remplissage à chaque fusion, pour arrêter les charges
au niveau des tuyères et leur servir d'assise pendant la
fusion.

De $t = \dfrac{V}{\beta B}$, on tire encore $B = \dfrac{V}{t\beta}$, d'où il résulte
que pour t et β donnés, la production est proportionnelle au
volume utile V et inversement proportionnelle au produit $t\beta$
du temps nécessaire à la fusion des plus gros fragments de
fonte chargés par le rapport $\dfrac{v_1}{p_1}$ du volume d'une charge au
poids de fonte qu'elle contient.

Pour un cubilot placé dans des conditions de marche identiques comme nature et consommation de combustible, comme
volume des fragments de fonte dans les charges, au cubilot
qui nous a donné:

$$t = 30' \text{ ou une demi-heure,}$$
$$\beta = 0,00089,$$

on trouverait : V = 0,000445 B (B exprimée en kil. par heure),
et   B = 2250 V (V exprimé en mètres cubes).

Le volume intérieur utile V d'un cubilot étant proportionnel
à sa hauteur depuis les tuyères jusqu'au gueulard et au carré
de son diamètre moyen, nous disposons de deux éléments
pour le faire varier : le diamètre et la hauteur, et l'on peut
se demander quelle est l'influence de chacun de ces deux éléments sur l'économie de production, et par suite, à quelle
hauteur et quel diamètre il convient de s'arrêter pour obtenir
un volume intérieur V donné.

Tout d'abord, remarquons qu'une grande hauteur augmen-

tant le parcours des gaz à travers les charges semblerait favo-
riser l'échange plus complet des températures entre la colonne
gazeuse ascendante et la colonne solide descendante ; mais il

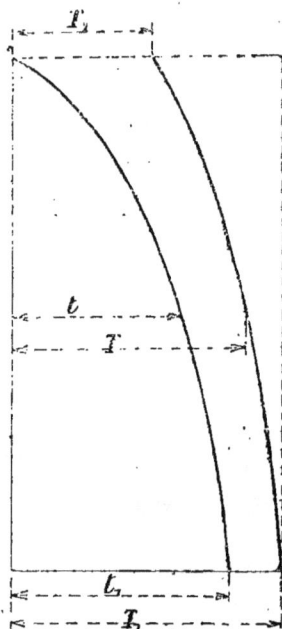

Fig 13

ne faut pas perdre de vue que,
pour un même volume intérieur
V et une production donnée, l'allongement du parcours des gaz ne
s'obtient qu'en rendant leur vitesse
plus considérable ; donc le fait de
l'augmentation de hauteur du cubilot aux dépens de son diamètre,
ne procure pas nécessairement une
meilleure utilisation de la chaleur
sensible des gaz. Cherchons à nous
en rendre compte.

Précédemment, nous avons
trouvé par expérience que la température moyenne des gaz T_2 s'é-
chappant du cubilot est :

$$T_2 = 514° ;$$

par le calcul, nous avons obtenu
pour température maximum T_1 de
ces gaz : $T_1 = 1700°$
d'où

$$T_1 - T_2 = 1700 - 514 = 1186°.$$

Évidemment, la chaleur sensible perdue par les gaz a été
gagnée par la fonte faisant partie des charges (les poids de
coke et castine étant négligeables), on peut donc écrire :

$$p \times 0.24 \, (T_1 - T_2) = P \times t_1 \times 0.175 = C ;$$

$p = 64^k86$, poids des gaz correspondant à $P = 100^k$ fonte
chargée,

0.24, chaleur spécifique moyenne de ces gaz,

0.175, chaleur spécifique moyenne de la fonte entre les
températures 500 et 1000°,

t_1, température de la fonte dans la zone correspondant au maximum de température des gaz,

C, quantité de chaleur perdue par les gaz et gagnée par la fonte.

D'autre part, la quantité de chaleur gagnée par la fonte doit être à peu près proportionnelle à la différence existant entre sa température moyenne et celle des gaz, de sorte que nous pourrons poser :

$$C = a\theta s \, (T - t)$$

s, surface de contact de la fonte avec les gaz ;

θ, durée de ce contact ;

a, coefficient de conductibilité ;

T, température moyenne des gaz ;

t, température moyenne de la fonte ;

et $T = \dfrac{T_2 + T_1}{2} = \dfrac{1700° + 514°}{2} = 1107°$ approximati-

vement $\qquad t = \dfrac{t_1}{2}.$

Remplaçant p, $T_1 - T_2$ et P par leur valeur dans
$$p \times 0,24 \, (T_1 - T_2) = P \times t_1 \times 0,175.$$

il vient $6486 \times 0.24 \times 1186° = 100 \times t_1 \times 0,175$

d'où $\qquad t_1 = \dfrac{64,86 \times 0,24 \times 1186}{100 \times 0.175} = 1045°$;

remplaçant aussi $T - t$ par sa valeur dans
$$C = a\theta s(T - t)$$

il viendra

$$C = a\theta s(T - t) = a\theta s \left(1107 - \dfrac{1045}{2}\right) = a\theta s \times 584,5$$

et $C = a\theta s \times 584,5 = Pt_1 \times 0,175 = 100 \times 1045 \times 0,175$

d'où $\qquad a\theta s = \dfrac{100 \times 1045 \times 0,175}{584,5} = 31,3$

Tant que le volume V et la production P demeureront constants, quelles que soient les variations que l'on fasse simultanément subir au diamètre et à la hauteur du cubilot, la valeur de θ demeurera constante, les valeurs as, indépendantes du volume V et par conséquent du diamètre et de la hauteur, seront également constantes; comme d'ailleurs le poids p des gaz ne dépend que de la proportion de combustible brûlé, que nous supposons constante, il doit en résulter qu'à chaque instant élémentaire de θ, ces gaz perdront au contact d'une même quantité de fonte une quantité de chaleur indépendante de l'étendue horizontale de la zone qu'ils traversent; si cette zone devient n fois plus large, l'espace vertical parcouru par la fonte et les gaz sera n fois plus faible et un égal échange de température s'opérera dans les deux cas. Il s'en suit que, la température T_1 maximum des gaz restant à 1700°, leur température T_2 après avoir traversé dans un même temps une même quantité de charges devra être encore 514°.

Par suite, la température des parois du cubilot, qui doit être à peu près une moyenne entre celle des gaz et celle de la fonte, demeurera aussi constante quel que soit le diamètre. Si la hauteur utile H de ce cubilot devient $nH = H'$, sa section $\frac{\pi D^2}{4}$ ne devra plus être que

$$\frac{\pi D^2}{4n} = \frac{\pi D'^2}{4},$$

d'où

$$D' = \frac{D}{\sqrt{n}},$$

et sa surface interne sera

$$H' \times \pi D' = nH \times \frac{\pi D}{\sqrt{n}} = \frac{n}{\sqrt{n}} \times \pi DH$$

ou $\sqrt{n}\ \pi DH$ au lieu de πDH

qu'elle était précédemment; la température moyenne de ces parois étant la même dans les deux cas, la perte de chaleur par absorption des parois sera donc $\sqrt{n}$ plus grande; et comme nous avons trouvé 3348 calories pour chaleur absorbée par les parois dans nos expériences précédentes, suivant que

n sera égal à 2, cette perte deviendra $\sqrt{2} \times 3{,}348 = 4{,}734^c$

ou à 1/2,   —   — $\sqrt{1/2} \times 3{,}348 = 2{,}367^c$

D'où, dans le premier cas $n = 2$, une augmentation de perte égale à $4734 - 3348 = 1386$ calories par 100 kilog. de fonte et sur 52041 calories que pourrait produire le combustible employé, soit 2,65 0/0 en plus de combustible à consommer.

Dans le deuxième cas $n = 1/2$, une réduction de perte égale à $3348 - 2367 = 1981$ calories par 100 kilog. de fonte et sur 52041° soit 1,90 0/0 en moins de combustible à consommer.

Dans chacun de ces deux cas, la différence de consommation, prise sur 7 kilog. de coke pour 100 kilog. de fonte, est assez minime pour passer inaperçue. Cependant, d'après cela, il semblerait que les grands diamètres sont légèrement plus avantageux que les grandes hauteurs.

A égal volume V pour une production égale P et à volume égal de charges, les grands diamètres ont sur les petits diamètres l'inconvénient de réduire l'épaisseur des charges et par suite de permettre plus facilement à la fonte de traverser le coke qui l'accompagne dans la charge, de devancer ce coke et d'arriver incomplètement fondue aux tuyères ; mais pourvu que le diamètre ne soit pas exagéré, il est facile de rémédier à cet inconvénient, il suffit seulement, pour cela, d'augmenter le volume des charges et de rendre ce volume d'autant plus grand que le diamètre est plus considérable.

Il est bien rare que les diamètres de $1^m,20$ à $1^m,40$ aux tuyères soient dépassés et avec ces dimensions, les charges atteignent 1000 à 1500 kilog. de fonte pour 70 à 120 kilog. et plus de coke.

Toutefois, l'importance de charges aussi considérables comme poids et volume est un inconvénient sérieux quand en marche, on doit, pour obtenir des qualités diverses de fonte, varier les mélanges ; et surtout quand ces mélanges doivent être de quantité moindre que le poids d'une de ces

charges ; à moins de séparer les divers mélanges par de fausses
charges, on risque toujours d'obtenir des mélanges incer-
tains et d'autant plus que la fonte y est en morceaux de
volume plus inégal ou de nature plus différente; la menue
fonte, ou la fonte la plus fusible devenant liquide bien avant
la fonte plus volumineuse ou plus réfractaire se sépareront de
ces dernières et les devanceront à mesure qu'elles parvien-
dront à l'état liquide.

En outre, ces grosses charges ne permettent pas non plus
d'arrêter la fusion à la limite exacte, alors qu'il ne reste
plus qu'un petit nombre de pièces à couler.

Rarement, on descend en dessous du diamètre 0^m,500 aux
tuyères, parce qu'il deviendrait trop difficile d'exécuter les
réparations journalières dans un espace plus étroit.

Une trop grande hauteur de cubilot n'est pas sans présenter aussi divers inconvénients : la friabilité et l'état initial plus ou moins menu du combustible rendent la circulation des gaz d'autant plus difficile et surtout irrégulière, que
la colonne solide est plus haute; de plus, dans une colonne
de matières aussi diverses, soumises à une descente progressive, les différences de densité interviennent et leur effet est
plus ou moins proportionnel à la hauteur. Par conséquent,
plus un cubilot est élevé, plus les matières diverses chargées en même temps se sépareront pendant la descente.
Les matières les plus lourdes tendront ainsi à descendre
verticalement et par suite le combustible plus léger sera
refoulé aux parois, où les gaz plus abondants le brûleront en
grande partie en oxyde de carbone. Donc encore la hauteur
doit être limitée, elle est généralement comprise entre 2^m,50
et 5 mètres à partir des tuyères.

Dans ce qui précède, nous avons admis que la durée de
contact de la fonte avec les gaz, dans l'intérieur du cubilot,
est une quantité θ constante et minimum, quelles que soient
les dimensions du fourneau. Cependant, on peut se demander

si le bénéfice résultant d'un échange de température plus complet entre les gaz et la fonte, quand on fait $\theta' > \theta$ minimum, ne compense pas la perte due à une formation d'oxyde de carbone plus abondante.

Faire $\theta' > \theta$, pour une même production, c'est rendre le cube intérieur du cubilot plus grand que nous ne l'avons calculé précédemment et l'on y arrive en augmentant son diamètre ou sa hauteur.

Soit $\theta' = 2\theta$, par exemple,

nous aurons toujours :

$$p \times 0{,}24 \, (T_1 - T_2) = Pt \times 0{,}175 = 2a\theta s \, (T' - t')$$
$$64{,}86 \times 0{,}24 (1.700 - T_2) = 100 \, t_1 \times 0{,}175 = 2 \times 31{,}3 \, (T' - t')$$
$$26300 - 15{,}6 \, T_2 = 17{,}5 \, t_1 = 53400 + 31{,}3 \, T'_2 - 31{,}3 \, t'_1$$

d'où
$$t'_1 = \frac{26300 - 15{,}6 \, T_2}{17{,}5}$$

et comme $26300 - 15{,}6 \, T'_2 = 53400 + 31{,}3 \, T'_2 - 31.3$
$$\left(\frac{26300 - 15{,}6 \, T_2}{17{,}5} \right)$$

ou en tire :
$$T'_2 = 266°$$

d'où
$$t'_1 = \frac{26300 - 15{,}6 \times 266°}{17.5} = 1270°..$$

Ainsi, en doublant le volume V du cubilot sans changer sa production par heure, on arrive à réduire de
$$514° \text{ à } 266°$$
la température moyenne des gaz s'échappant au gueulard, et par suite la température de la fonte passe de
$$1045° \text{ à } 1270°.$$
en arrivant dans la région du maximum de température des gaz, il devra évidemment en résulter une fonte liquide bien plus chaude dans le creuset.

Voyons maintenant ce que deviendra l'absorption de chaleur par les parois dans cet accroissement du volume intérieur.

Quand les gaz s'échappent du cubilot à la température 514°,

ils contiennent 8076 calories de chaleur sensible

et   3348e sont absorbées par les parois.

Si les gaz ne sortent qu'à la température 266°, ils ne contiendront plus sous forme de chaleur sensible que :

$$\frac{8076 \times 266}{514} = 4200 \text{ calories}$$

d'où un gain de chaleur égal à 8076 — 4200 = 3876°. Si le doublement du volume intérieur utile du cubilot est obtenu en doublant sa section, la surface interne du fourneau augmente dans le rapport de $\frac{\sqrt{2}}{1} = 1,414$, et comme la température moyenne des gaz est devenue à peu près

$$\frac{1700 + 266}{2} = 983°$$

au lieu de

$$\frac{1700 + 514}{2} = 1107,$$

la température moyenne de la fonte deviendra :

$$\frac{1270}{2} = 635°$$

au lieu de

$$\frac{1045}{2} = 522,5.$$

En admettant que les parois prennent une température moyenne entre celle de gaz et de la fonte, cette température moyenne des parois sera :

$$\frac{983 + 635}{2} = 809°$$

au lieu de

$$\frac{1107 + 522,5}{2} = 815°;$$

c'est-à-dire qu'elle aura très peu varié.

Par la suite, la chaleur absorbée par les parois sera approximativement

$$\frac{3348 \times 1,414 \times 809}{815} = 4699 \text{ calories.}$$

La perte résultant de cette augmentation de surface des

parois sera donc :
$$4699^c - 3348^c = 1351 \text{ calories.}$$

Dans ce cas, le gain réel ne sera plus que :
$$3876^c - 1351^c = 2525 \text{ calories.}$$

Si le doublement du volume intérieur utile du cubilot est obtenu en doublant sa hauteur, la surface interne du fourneau sera à peu près doublée, et comme la température moyenne de ses parois sera encore de 809° degrés environ, la quantité de chaleur qu'elles absorberont sera

$$\frac{3348 \times 2 \times 809}{815} = 6648 \text{ calories;}$$

la perte de chaleur résultant de cette augmentation de la surface des parois sera
$$6648^c - 3348^c = 3300 \text{ calories}$$
et le gain réel sera réduit, dans ce cas, à
$$3876^c - 3300^c = 576 \text{ calories.}$$

En somme, le doublement de volume du cubilot, à partir des tuyères, pour une même production par heure, procure une économie de 3876 calories par l'abaissement de la chaleur sensible du gaz; mais cette économie est compensée par une perte de chaleur par absorption des parois de 1351 calories quand la section est doublée et de 3300 calories quand la hauteur est doublée; ce qui ramène le gain définitif à 2525 calories pour le doublement de la section et à 576 pour le doublement de la hauteur. Si l'on rapporte ces gains au chiffre 52041 calories que pourrait développer le combustible employé, on trouve que dans le premier cas l'économie réalisée est de 4,85 0/0, et dans le second cas 1,11 0/0, ce qui même dans le premier cas est fort minime. Et comme en doublant le volume, non seulement la fonte demeure deux fois plus de temps en contact avec le courant gazeux; mais le coke reste aussi deux fois plus longtemps en contact avec ce courant, il doit en résulter une production d'oxyde de carbone bien plus abondante et qui enlèvera, et bien au delà, la faible économie réalisée par la prolongation du séjour de la fonte au milieu des gaz chauds et le dépouillement plus complet de la chaleur sensible de ces derniers.

L'usure des parois d'un cubilot se produit surtout dans la région où s'opère la dissociation de l'acide carbonique, c'est-à-dire dans la zone du maximum de température commençant un peu au-dessus des tuyères et se prolongeant jusqu'à 0m,70 à 1 mètre au-dessus. Cette usure détermine une sorte de ventre qui augmente considérablement la section du cubilot au-dessus des tuyères, et par suite la valeur s de la section des canaux sinueux à travers lesquels s'écoule le courant gazeux ascendant; il en résulte un très notable abaissement de la contre-pression existant en face des tuyères, et pour une même pression de vent aux tuyères, une accélération considérable de descente des charges, de production du cubilot.

Ainsi, dans le cubilot représenté (fig. 8), quand l'usure est arrivée au point de faire passer à 0m,90 le diamètre de 0m,60 donné primitivement à la naissance des étalages (fig. 14), la production atteint 3600 kilog. par heure au lieu de 2000 kilog. pour une pression de vent comprise entre 0m,45 et 0m,50 (de hauteur d'eau)

Évidemment, une descente si rapide des charges ne peut

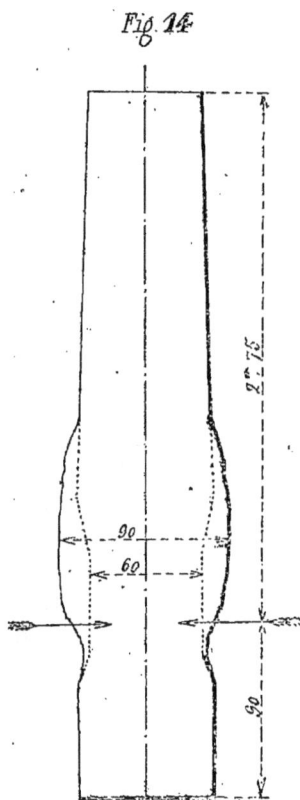

Fig. 14.

conduire qu'à de la fonte froide, aussi la consommation de coke nécessaire à l'obtention d'une fonte liquide moyennement chaude doit-elle être portée à 11 et même 12 0/0 au lieu de 7 0/0; et encore avec 12 0/0, quand les parois du cubilot sont aussi usées, la fonte obtenue ne possède pas la même quantité de chaleur que celle qui est fondue avec 7 0/0, quand le cubilot a son profil en bon état.

Ce fait met hors de doute l'influence : 1° de la contre-pression sur la pénétration du vent dans le cubilot; 2° d'une descente trop rapide des charges.

L'emploi de *l'air chaud* a été essayé dans les cubilots, et naturellement ceux qui espéraient trouver à cet emploi les mêmes avantages que ceux qui ont été procurés dans les hauts fourneaux par l'air chaud ont été déçus.

Dans les hauts fourneaux, en effet, la réduction complète du minerai ne s'obtient que si le carbone est en grande partie transformé en oxyde de carbone dans le voisinage des tuyères. Au point de vue de la consommation, c'est une circonstance des plus défavorables puisque la même somme de chaleur ne s'obtient alors qu'en brûlant le triple de carbone. On conçoit dès lors combien l'emploi de l'air chaud doit être utile dans ce cas, puisqu'il permet de réaliser une haute température sans avoir un atôme d'acide carbonique dans le mélange gazeux. Cette seule considération permet d'entrevoir les grands avantages qu'offre l'air chaud dans la fusion réductive du minerai de fer; mais à ces avantages économiques s'en ajoute un autre encore. En général, pour arriver à la réduction et à la fusion d'un poids déterminé de minerai, il faut une certaine somme de chaleur et cette chaleur peut être concentrée dans une zone plus ou moins étendue; selon cet état de concentration, l'action réductive varie beaucoup. Ainsi à mesure que s'élève la température du vent, s'accroît la température de combustion auprès des tuyères, la température s'élèvera dans la zone de fusion, et l'action réductrice, ainsi que la carburation de la fonte y seront plus énergiques, de sorte que non seulement l'oxyde de fer se réduira ; mais encore le fer réduit se carburera et tendra à se transformer en fonte d'autant plus grise que la température sera plus élevée.

Par contre, les autres corps étrangers se réduiront également et le métal obtenu sera d'autant plus impur que la température de combustion auprès des tuyères aura été plus considérable. C'est pourquoi, lorsque l'on veut obtenir des fontes très pures et tenaces, on se sert non seulement de minerais riches et purs, de qualité supérieure ; mais encore de vent froid et de charbon de bois.

Quant aux éléments spéciaux qui sont réduits dans les hauts fourneaux où la température locale auprès des tuyères est élevée par l'augmentation de chaleur du vent, ce sont en général les oxydes des métaux ayant le plus d'affinité pour l'oxygène ; c'est-à-dire les moins réductibles.

Le soufre et le phosphore sont réduits facilement dans toutes les circonstances ; l'emploi de l'air chaud n'ajoute rien sous ce rapport à l'impureté des fontes ; mais la silice, la chaux et la magnésie, les oxydes de manganèse et probablement aussi l'alumine sont réduits en proportion d'autant plus forte, toutes choses égales d'ailleurs, que la température du vent sera plus élevée.

Les avantages de l'air chaud sont cependant si grands au point de vue de la consommation en combustible et de la dissolution du carbone dans la fonte, dans la production des fontes grises, que toutes les fois qu'il ne s'agit pas d'obtenir des produits d'une pureté exceptionnelle, on y a toujours recours.

Comme dans le cubilot, il y a simplement fusion et non réduction, les avantages procurés par le vent chaud ne peuvent porter que sur l'augmentation de température de la fonte liquide produite et sur l'économie de combustible qui peut en résulter, à égale température de fonte liquide.

Supposons, en effet, qu'au lieu d'air froid nous ayons employé du vent à la température 600°, par exemple, dans les expériences citées précédemment; comme nous avons lancé 59^k,82 d'air sec par 100 kilog. de fonte pour brûler 5^k,733 de carbone pur (correspondant à 7 kilog. de coke) du fait de l'échauffement de l'air, nous apporterons dans le cubilot une quantité de chaleur égale à :

$$59^k,82 \times 600° \times 0,267 = 9583 \text{ calories}$$

(0,267 capacité calorifique de l'air)

au lieu de : $37,21\ t = 63571$ calories, d'où $t = 1703°$ que nous avons trouvé dans le calcul de la température maximum des gaz, nous aurons :

$$37,21\ t = 63571° + 9583° = 73154 \text{ calories}$$

d'où $\qquad\qquad t = 1970°$

pour température maximum de combustion.

Cette surélévation de $1970° - 1703° = 267°$ dans la température maximum de combustion devra évidemment élever la température de la fonte produite et porter la chaleur qu'elle contient bien au delà de 280 calories, à environ :

$$\frac{280 \times 1970}{1703} = 324 \text{ calories probablement.}$$

Mais si au lieu d'employer cet excès de température de combustion à élever la température de la fonte liquide, on s'en sert pour réduire la consommation de charbon, les 9583 calories apportées sous forme de chaleur sensible par le vent dans l'intérieur du cubilot, se substitueront à environ :

$$\frac{9583}{8080} = 1^k,19 \text{ carbone pur ;}$$

soit à $\dfrac{1.19}{5.733} = 20\ 0/0$, environ, du combustible employé, par conséquent la fusion s'opérera avec 80 0/0 seulement du combustible qui était nécessaire dans la marche à l'air froid, il se produira un moindre volume de gaz et comme ces gaz auront néanmoins à traverser un même volume de fonte et de combustible, ils arriveront nécessairement moins chauds au gueulard, en sorte que la chaleur cédée par ces gaz sera d'autant plus élevée que l'air aura été plus fortement chauffé. C'est ce que l'on constate, en effet, dans les hauts-fourneaux, l'emploi de l'air chaud abaisse la température des gaz dégagés au gueulard.

L'emploi de l'air chaud dans les cubilots doit donc procurer une certaine économie de combustible, moins considérable que dans les hauts-fourneaux, mais encore fort appréciable. Cependant, il y a à cela plusieurs conditions : d'abord, pour que la production du cubilot ne soit pas ralentie par l'emploi de l'air chaud et que ce ralentissement ne fasse pas perdre par une production plus abondante d'oxyde de carbone le bénéfice de la marche à l'air chaud, il faut que le poids d'air lancé chaud soit égal à celui qui serait lancé froid, en supposant que la consommation de combustible reste la même (ou que le poids d'air chaud soit réduit proportionnellement à l'économie de combustible), pour que la durée de séjour des charges dans le cubilot demeure constante ; par conséquent, la section des conduites et celle des tuyères devront être augmentées de telle sorte que leur débit fournisse un poids d'air constant.

Un mètre cube d'air froid porté à la température de 600° deviendra $V = (1 + 0,003665 \ t) \ V_o = (1 + 0,003665 \times 600)1 = 3^{m3},20$ c'est-à-dire 3,20 fois plus considérable ; sous la même pression motrice, la vitesse de cet air chaud devenant $\sqrt{3,20}$ fois plus élevée, puisque sa densité est devenue 3,20 fois moindre, il faudra pour que le débit en poids reste constant, que la section devienne :

$$\sqrt{3,20} = 1,79 \text{ fois plus grande}$$

et cela, sans tenir compte de l'augmentation de la contre-pression, à l'intérieur du cubilot, qui doit résulter d'un excès aussi considérable du volume de l'air et de la perte de pression inhérente au développement des tuyaux de chauffage de l'air.

Ainsi donc, si l'on souffle successivement un cubilot à l'air froid et à l'air chaud, il faut, pour introduire dans les deux cas le même poids d'air, pouvoir développer dans le second cas une puissance motrice considérablement supérieure à celle qui convenait dans le premier cas au vent froid.

C'est pour n'avoir pas suffisamment tenu compte de ce fait que, dans les tentatives d'emploi de l'air chaud, on n'a généralement obtenu qu'un minime résultat économique.

En second lieu, dans les hauts-fourneaux, l'air est chauffé sans dépenses spéciales de combustible par les gaz du fourneau même; anciennement, on a essayé d'utiliser au même emploi les gaz qui s'échappent des cubilots, et l'on a eu des installations tellement gênantes et d'un effet utile si minime, que l'on n'a pas tardé à y renoncer; et cependant, ce n'est qu'à la condition de pouvoir chauffer gratuitement le vent que son emploi dans le cubilot peut conduire à quelque économie. On y arriverait peut-être par l'emploi d'appareils à air chaud en briques, dans le genre des fours Whitwell que l'on applique au chauffage du vent des hauts-fourneaux, si ces appareils étaient disposés de façon à profiter non seulement de la chaleur sensible des gaz, mais encore de l'oxyde de carbone que ces gaz contiennent, oxyde de carbone qui devrait pouvoir y être brûlé complètement. Ce genre d'appareils à air chaud présente sur les appareils à tuyaux de fonte l'avantage de causer une perte de pression plus faible et par suite de pouvoir être utilisé quand le vent est produit à l'aide de ventilateurs à force centrifuge, cas le plus général.

Reste à savoir si l'économie apportée par ces appareils balancerait leurs frais d'amortissement et d'entretien, ce qui paraît douteux, sauf dans certains cas spéciaux, quand on traite des fontes peu carburées et qu'il est nécessaire de les obtenir très fluides et très chaudes.

Enfin, une dernière considération, au sujet de l'emploi du vent chaud au cubilot, est que par suite du volume consi-

rable occupé par ce vent chaud, et de la température élevée
qui alors peut régner autour des tuyères, la zone oxydante
doit prendre un développement et une énergie bien plus
considérable que dans le cas de vent froid, par suite un déchet de fonte plus élevé et une altération de la fonte plus
importante sont à craindre et d'autant plus que le vent est
lancé à plus haute température.

Pour conclure, nous dirons que dans la recherche des
conditions de marche les plus économiques d'un cubilot,
on se heurte à ces deux effets réciproques : *ce que l'on gagne
par l'élévation de l'appareil, par l'augmentation de son volume*, dans le but de rendre plus complet l'échange des
températures du courant gazeux avec le courant solide et
l'utilisation de la chaleur *est perdu par la production plus
abondante d'oxyde de carbone* et *l'absorption plus considérable de la chaleur par les parois* résultant de l'accroissement de capacité et de surface interne du fourneau.

Pour sortir de ce cercle vicieux, il faudrait isoler le combustible du métal à fondre et l'on y parviendrait en chargeant
le combustible dans un foyer distinct, analogue à celui d'un
four à réverbère, disposé comme l'indique la figure 15; les
matières seraient chargées dans une colonne verticale faisant
suite à ce foyer et assez large et haute pour dépouiller complètement les gaz de la combustion de leur chaleur sensible.
Le jet d'air arriverait sous la grille, traverserait l'épaisseur
du combustible, se dépouillerait de la plus grande partie de
son oxygène avant d'atteindre les matières à fondre, le déchet serait par suite réduit au minimum; la température
maximum produite serait plus élevée que dans le cubilot
puisque le combustible et les gaz de la combustion n'y seraient
plus refroidis par leur contact avec la fonte; la dissociation
augmenterait le volume de la région des températures maxima et s'éteindrait dans la colonne des matières en amenant
assez haut dans cette colonne la température maximum

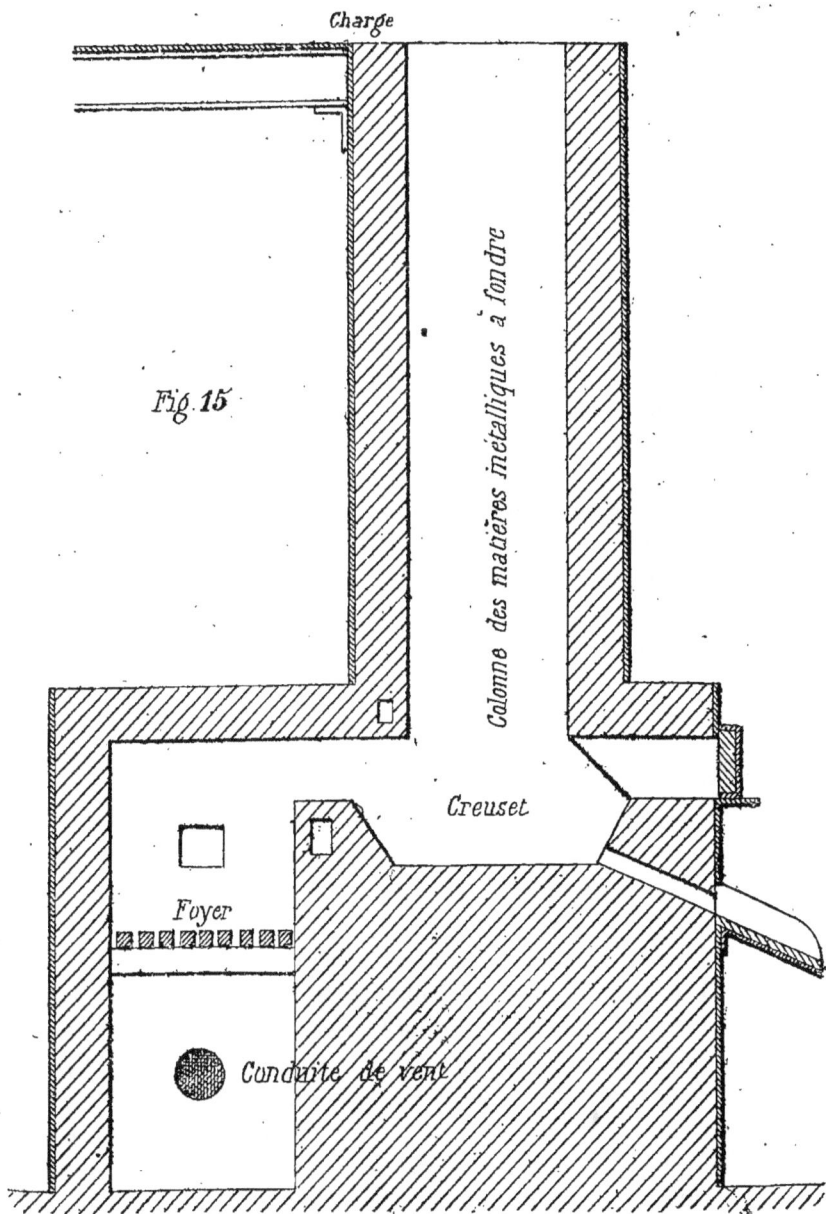

Charge

Fig. 15

Colonne des matières métalliques à fondre

Creuset

Foyer

Conduite de vent

développée. Bref, la combustion deviendrait aussi complète qu'il est possible de l'obtenir et le combustible employé pourrait être de la houille au lieu de coke; ce combustible pourrait même être gazeux et provenir soit d'un gazogène Siemens, soit de tout autre générateur de gaz combustible.

Il manque, bien entendu, à ce système d'appareil de fusion de la fonte, la sanction de la pratique; cependant, à part l'usure de l'autel limitant le foyer et celle des arêtes sous lesquelles la flamme doit passer pour s'introduire dans la colonne des matières à fondre, usure produite par la haute température du gaz et facile à combattre, du reste, par une circulation d'air ou d'eau, il ne peut exister que bien peu d'aléa.

Il suffirait probablement de quelques essais pour reconnaître si, dans cet appareil, les avantages indiqués par la théorie sont sanctionnés par l'expérience et, en y apportant les modifications suggérées par ces essais, en faire un appareil industriel plus parfait et aussi commode que ne l'est le cubilot.

IV — FABRICATION DES MOULAGES

EN FONTE MALLÉABLE ET EN ACIER FONDU

Dans les fontes blanches non manganésées, mais légèrement siliciées, la faible affinité du carbone pour le fer à une température inférieure à celle de fusion peut être utilisée pour adoucir ces fontes en transformant par le recuit leur carbone combiné en carbone graphitique et l'on y arrive en exposant ces fontes, pendant un temps d'autant plus long qu'elles renferment plus de carbone amorphe ou que leur volume est plus considérable, à une température élevée inférieure toutefois à celle de fusion et faisant suivre ce recuit d'un refroidissement lent, un refroidissement brusque pouvant tremper ces fontes de nouveau. Par suite de ce recuit, les molécules se trouvant espacées par la chaleur parviennent à rompre l'équilibre instable où elles se trouvaient, le carbone et le fer se dissocient comme tous corps sans affinité, et de blanche qu'elle était, la fonte se transforme en fonte truitée ou en fonte grise en perdant sa dureté.

C'est ainsi que l'on adoucit les pièces de fonte minces dont les bords ou la surface s'est trempée pendant la coulée dans des moules humides ; souvent il suffit de chauffer ces pièces au rouge cerise sur un feu de forge ordinaire et ensuite de les laisser refroidir lentement pour leur faire perdre la dureté résultant de la trempe.

Il est même possible de pousser au delà la dissociation du carbone et du fer et d'enlever plus ou moins le carbone de la fonte ; pour cela, il suffit, pendant quelle est soumise au recuit à une température élevée, d'envelopper cette fonte d'une atmosphère riche en acide carbonique ou en oxygène. Après que le carbone combiné se sera séparé du fer et transformé en carbone graphitique, le carbone graphitique des couches extérieures de la fonte s'unira soit à l'acide carbonique, soit à l'oxygène qui l'enveloppe pour produire de l'oxyde de carbone, puis ensuite le carbone graphitique des couches sous-jacentes de la fonte cheminant de l'intérieur vers l'extérieur viendra également, par un phénomène inverse à celui de la cémentation, se perdre à la surface en se transformant en oxyde de carbone.

Suivant que de la sorte le carbone a été plus ou moins enlevé, le métal restant se rapproche plus ou moins du fer et acquiert plus ou moins les propriétés de ce dernier, entre autres la malléabilité.

Tel est le point de départ de la fabrication de la fonte malléable.

De prime abord, il est facile de reconnaître que la fonte ainsi transformée sera poreuse et manquera de la cohésion du fer, et par suite ne pourra jamais présenter une résistance égale à celle de ce dernier; en second lieu, si pure que soit la fonte, elle contient généralement plus d'éléments étrangers que n'en renferme même de mauvais fer après son épuration par le puddlage; il s'ensuit que la fonte décarburée n'ayant subi aucune épuration sera toujours plus ou moins impure et que les éléments étrangers qu'elle renferme viendront encore abaisser sa résistance comparée à celle du fer qui serait obtenu de la même fonte. Donc, pour obtenir de la fonte malléable de bonne qualité, il est essentiel d'employer de la fonte aussi pure que possible.

En troisième lieu, la décarburation s'opère avec d'autant moins de difficulté que les fontes sont moins carburées, moins graphiteuses et moins manganésées. Des fontes noires renfermant des lamelles de graphite se décarburent très difficilement et très mal, peut-être par suite des difficultés que le graphite en grandes lames doit rencontrer dans son transport à travers les pores de la fonte.

Plusieurs fois j'ai essayé de décarburer des fontes blanches obtenues par un mélange de spiegeleisen et de fer et renfermant 2 à 2,5 0/0 de carbone et autant de manganèse, mais pures d'autres éléments étrangers; je ne suis jamais arrivé qu'à une décarburation insensible, ce qui ne peut être attribué qu'à la grande affinité du manganèse pour le carbone, laquelle s'exerçant sur ce dernier — comme dans le puddlage pour aciers et fer aciéreux — le retient, l'empêche de se séparer.

Enfin, la décarburation est d'autant plus irrégulière que l'on opère sur des pièces plus épaisses. Bien que l'on parvienne avec plusieurs recuits successifs à rendre malléables des pièces de fonte ayant jusqu'à 4 à 5 centimètres d'épaisseur, il n'est guère prudent, en pratique courante, de compter sur une bonne malléabilisation de pièces ayant plus de 15 à 20 millimètres d'épaisseur; la partie centrale des pièces épaisses demeure fonteuse et forme un noyau qui se rompt à la moindre déformation de ces pièces.

Généralement, pour former autour des pièces à décarburer une atmosphère oxydante, on opère leur recuit en vase clos, en disposant ces pièces par lits dans un oxyde de fer quelconque (le plus souvent de l'hématite rouge broyée, quelquefois de l'hématite brune manganésifère quand on peut l'obtenir à bon marché, d'autrefois des battitures de forge). Aux États-Unis, où l'oxyde de zinc est abondant, aux environs de New-York on se sert, paraît-il, de cette matière. On prétend qu'en Autriche on emploie en mélange de la craie, du carbonate de fer; ce serait alors l'acide carbonique qui agirait sur le carbone de la fonte.

Voici les procédés de la fabrication employés dans l'une des fonderies de l'Est de la France.

Les pièces sont moulées en sable vert ou en sable d'étuve, à la façon ordinaire. La fonte employée est un mélange de :

Ulverstone blanche (Écosse)	20 0/0.
Harrington blanche	15 —
Harrington grise	10 —
Fonte provenant des recuits	5 —
Jets et coulées	50 —

On modifie ce mélange suivant les qualités que l'on veut obtenir, on augmente la proportion de fontes en gueuses de Ulverstone et de Harrington et l'on diminue d'autant la proportion des jets et recuits, si l'on veut augmenter la qualité, ou l'on emploie des fontes en gueuses de qualité inférieure à celle de Ulverstone (plus connue sous le nom de Lörn), de Harrington, lesquelles, avec quelques marques de Suède, sont les qualités supérieures (1).

---

(1) La fonte brute qui a le plus de réputation pour fonte malléable est la fonte dite de Lörn, fabriquée en Angleterre par MM. Harrison Ainslie et C° d'Ulverstone; ces maîtres de forges n'ont plus de fourneau à feu à Lörn (Écosse); mais en ont plusieurs dans les environs d'Ulverstone. La

On emploie les gueuses les plus blanches pour les grosses pièces, les plus grises conviennent aux petites pièces. Les pièces coulées sont toujours absolument blanches.

Dans les fonderies importantes, la fusion du mélange de fontes pour fonte malléable s'opère au cubilot; mais dans les petites fonderies, cette fusion se fait dans des creusets d'environ 30 kilog. chauffés soit au coke, soit au gaz par le système Siemens. Avec ces fontes peu carburées, il faut une très haute température pour obtenir la fluidité nécessaire à la production des moulages minces et très délicats constituant le principal débouché de ces fontes.

Dès que le métal est solidifié, on s'empresse de desserrer les moules, de les ouvrir et de démouler les pièces; malgré cette précaution, lorsque les pièces présentent de brusques différences d'épaisseur, des parties épaisses reliées à des parties minces sans transition suffisante, le retrait considérable de ces fontes peu carburées produit des fentes dans les parties faibles de ces pièces, le plus souvent au point de jonction de la partie mince avec la partie épaisse; de plus, la surface supérieure de la partie épaisse se creuse par suite du retassement très prononcé de cette fonte.

Les pièces démoulées doivent être nettoyées et ébarbées avec grand soin, si l'on veut avoir une bonne malléabilisation; comme ces pièces sont en général d'une fragilité extraordinaire, le détachage des coulées donne des déchets assez importants; l'ébarbage qui se fait avant le recuit est aisé et rapide; mais chaque coup frappé à faux brise la pièce pour peu qu'elle soit délicate.

---

fonte de Lörn provient de la fusion au charbon de bois d'hématites rouges du Cumberland; mais son prix élevé (environ 27 francs les 100 kilog.) permet de supposer qu'elle a été partiellement décarburée dans une deuxième fusion par affinage ou mélange de fer. Sa teneur en carbone est faible 2 1/2 0/0 environ, elle est pure de soufre et de phosphore et ne contient que des traces de manganèse. C'est une fonte souvent blanche, lamelleuse ou légèrement truitée, quelquefois grise.

Les fours de décarburation *(fig. 16)* sont des chambres
rectangulaires hautes et recouvertes d'une voûte cylindrique.

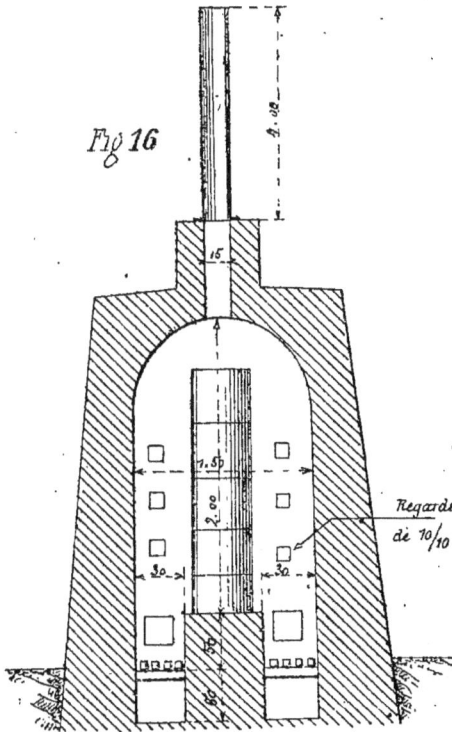

Fig 16

Profondeur 2ᵐ environ

Ces chambres s'ouvrent sur l'un de leurs petits côtés par
une porte en fonte garnie de briques qui sert au chargement
et au déchargement.

La sole occupant la partie centrale est formée d'une banquette longitudinale de chaque côté de laquelle existe une
longue grille étroite occupant toute la longueur du four.

Une étroite cheminée de dégagement occupe la partie centrale de la voûte.

Sur les grilles, par économie, on brûle de la houille; mais quelquefois aussi du coke et ce dernier est préférable en ce qu'il permet d'obtenir une température plus uniforme dans toute la capacité du four.

Pour permettre de suivre l'opération, plusieurs regards sont ménagés dans la maçonnerie de la porte du four. Les foyers et les cendriers de ces fours sont un peu enterrés pour faciliter le chargement de ces fours.

Les pièces à décarburer sont placées dans des creusets cylindriques ou pots en fonte mesurant $0^m,30$ à $0^m,35$ de diamètre sur $0^m,35$ à $0^m,80$ de hauteur; généralement on adopte les dimensions $0^m,32$ diamètre, $0^m,35$ hauteur, parce que ces dimensions se prêtent bien au chargement des petites pièces et que le poids qui en résulte permet une manutention facile de ces pots; mais toutes les formes et dimensions sont également bonnes, pourvu que la largeur ne dépasse pas $0^m,40$ à $0^m,45$, afin que le chauffage de l'intérieur de ces caisses soit aussi uniforme que possible et que les objets placés au centre n'éprouvent aucun retard à la décarburation.

Le cément oxydant dont on se sert est réduit en poudre et se compose de :

1 mesure (10 litres environ) de minerai neuf hématite rouge de Lörn ;

1/2 mesure, minerai rouge de Somme Vezin (Belgique);

1 1/2 mesure minerai noir hématite brune ;

4 mesures vieux minerai ayant déjà servi à la décarburation.

Pour rendre ce mélange plus perméable aux gaz, on peut y ajouter 2 litres sciure de bois de chêne.

On opère le mélange le mieux possible en faisant, par exemple, un premier tas du tout que l'on déplace et retourne plusieurs fois à la pelle jusqu'à ce que l'on juge que tout est suffisamment mélangé.

On comprend que le mélange de minerai donné ci-dessus doit varier avec les localités, suivant que l'approvisionnement de l'une ou de l'autre espèce de mine est plus facile ; ce qu'il faut rechercher surtout, c'est un minerai pur et infusible à la température rouge cerise (900 à 1000°) correspondant au recuit ; il faut, par suite, éviter l'emploi de minerai siliceux qui, à cette température élevée, forme un silicate d'oxyde de fer très fusible et empâte toutes les pièces, que l'on ne peut plus retirer de ce magma que détériorées plus ou moins complètement.

La proportion de minerai neuf employé est d'environ 50 à 40 0/0, on descend même jusqu'à 30 0/0 quand le minerai est très riche. Si l'on dépassait la proportion nécessaire, il se formerait à la surface des pièces une pellicule oxydée plus ou moins épaisse, les pièces minces seraient brûlées et de mauvaise qualité ; elles se colleraient ensemble. Dans quelques fabriques, pour empêcher l'adhérence de l'oxyde réduit, on plonge les objets que l'on se propose de décarburer dans une dissolution étendue de sel ammoniac tenant en suspension du carbonate de chaux en poussière fine (du blanc d'Espagne). Après égouttage, on les ensevelit ainsi blanchis dans le cément ferrugineux.

La manière d'arranger les pièces dans les pots a une grande importance, il faut que le métal à décarburer soit en contact sur toute sa surface avec le minerai ; deux pièces se touchant, les parties en contact sont mal décarburées. Voici comment on devra s'y prendre pour faire le remplissage du pot : les pièces seront disposées dans celui-ci de manière à n'être pas trop espacées, à ne pas présenter de trop grands vides, on introduira le minerai en dernier lieu en ayant soin de le faire couler dans les vides et de le tasser en frappant autour du pot ; comme le minerai est très fin, il se logera partout et les pièces qui se touchaient lors de l'arrangement du pot seront divisées par le minerai.

Si les pièces n'ont pas été convenablement disposées dans les pots, elles se courberont en s'affaissant sous la charge.

Pour les grosses pièces on opère différemment, il faut alors arranger son minerai et disposer les pièces à la main, de manière que le minerai sépare bien les différentes parties à décarburer. Du reste, ce travail est plus facile à faire dans le four même qu'en dehors, car ayant de fortes ou de longues pièces, les caisses sont lourdes et deviennent difficiles à introduire dans le four, en raison de leur poids ajouté à celui des pièces qu'elles contiennent.

Comme les pots sont susceptibles d'être employés plusieurs fois, il est bon, avant de les mettre au four, de les disposer en vue de la décarburation à produire ; on s'arrange alors de façon que les plus petites pièces à décarburer soient renfermées dans les pots dont l'épaisseur est la plus grande, tandis que les pots les plus faibles en épaisseur sont choisis pour les pièces les plus épaisses.

Ainsi que nous l'avons dit précédemment, la forme des pots ou des caisses n'influe en rien sur la décarburation, ce sont les pièces que l'on fabrique qui doivent guider pour la forme à donner; cette forme peut être cylindrique, rectangulaire ou ovale. L'épaisseur des pots ou caisses est variable de 15 à 18 et même de 20 millimètres, cette épaisseur peut être réduite au feu à quelques millimètres, si toutefois il n'y a pas casse ou déformation.

Il n'est pas nécessaire que les caisses soient munies d'un couvercle luté puisque l'on fait quelquefois des pots sans fond ; le minerai obvie à l'inconvénient qu'il y aurait de laisser les pièces à l'air. Toutefois, il faut que le pot soit bien fermé par le minerai ; lorsqu'un pot est fendu, il faut avoir soin de le remplacer parce que le minerai pourrait s'écouler par la fente qui bâillera de plus en plus sous l'action de la chaleur.

Les pièces se trouvant dans le dessus des pots ou des

caisses occupant la partie supérieure du four doivent être surchargées d'une forte épaisseur de mine vieille pour que pendant le chauffage, s'il y avait affaissement de la mine, ces pièces demeurent recouvertes de cette mine ; si elles venaient à être découvertes, elles seraient brûlées. Une forte épaisseur de mine est encore nécessaire parce que la surface supérieure de cette mine se revivifiant sans cesse par l'oxygène libre existant dans le four, cette mine revivifiée produirait l'oxydation trop énergique des pièces avec lesquelles elle pourrait se trouver en contact et brûlerait ces pièces.

Il est essentiel et même indispensable que les pots soient coulés en fonte malléable, c'est-à-dire avec le même métal que les pièces à décarburer ; la fonte grise pour les pots comme pour les caisses a été essayée et a donné pour résultats déformation rapide et affaissements dans le four ; c'est tout au plus si, par économie, on peut mélanger un peu de fonte grise dans le coulage de ces pots. En fonte convenable, les pots peuvent servir 3, 4 et 5 fois, rarement plus.; aussi leur consommation entre-t-elle pour un chiffre élevé dans le prix de revient de la fonte malléable.

La conduite du recuit est une opération délicate ; si la température n'a pas été égale et suffisamment élevée, la décarburation est imparfaite, les pièces sont cassantes : si au contraire la température a été trop élevée, les pots contenant la fonte à décarburer se déforment, s'affaissent, risquent d'être brûlés, percés et la flamme peut même atteindre les pièces. La moindre des choses qui puisse se produire par une surchauffe est l'adhérence du minerai aux pièces, ou le collage des pièces entre elles qui altère la propreté des surfaces; aussi faut-il toujours se défier des chaleurs trop fortes. On chauffe d'abord lentement le four pour permettre au contenu de s'échauffer régulièrement jusqu'au centre des caisses, et ensuite on pousse le feu progressivement de manière à obtenir à la fin de l'opération une bonne chaleur rouge cerise

(950° environ). Ce chauffage doit toujours être fait par un homme spécial qui en a l'habitude, et encore arrive-t-il parfois que des recuits sont en partie manqués.

Le chargement du four s'opère comme suit : après avoir disposé sur la sole ou banquette, isolant les deux grilles parallèles, un premier rang de pots, on lute ceux-ci avec du sable gras de moulage, ce qui garantit la fonte de ces pots ; puis on pose le deuxième rang au-dessus du premier, de façon que la seconde rangée de pots serve de couvercles à ceux de la première rangée. On lute de nouveau pour garantir le métal et empêcher les rentrées d'air ; et ainsi de suite, on arrive de la sorte à former des piles ou colonnes verticales de cinq à huit pots étagés l'un au-dessus de l'autre ; le four dont nous avons donné le croquis peut contenir quarante pots de 0^m,32 diamètre sur 0^m,35 de hauteur.

Comme le four chauffe plus fort dans le haut, c'est là que l'on devra disposer les pots contenant les pièces les plus épaisses, la décarburation sera alors très régulière, ce qui est une condition indispensable à la réussite de cette opération.

Lorsque le four est ainsi rempli, on en ferme l'ouverture et lute soigneusement tous les joints par lesquels l'air pourrait pénétrer. On allume alors le feu sur les grilles, on monte lentement la température qui atteint au bout de 24 heures le rouge vif. On entretient encore le feu pendant 36 à 48 heures ; mais dans les dernières 12 heures on diminue sensiblement la consommation. Enfin on cesse de charger et on lute toute entrée d'air par le foyer ou le cendrier ; on laisse le four se refroidir pendant 36 à 48 heures avant de l'ouvrir et de le décharger.

Comme on le voit, l'opération est intermittente et la consommation de houille est fort élevée : 1800 à 2200 kilog. par opération. On pourrait la diminuer en se servant de gazogènes et soit du système récupérateur Ponsard ou soit du système régénératif Siemens. On diviserait alors le four en deux par un mur en long, ce qui permettrait alors de chauffer à volonté l'une ou l'autre moitié par la manœuvre de quelques registres. C'est le système adopté depuis quelques années par M. Dalifol, à Paris; et ce système de chauffage par le gaz présente encore le grand avantage d'entretenir dans le four une flamme plutôt réductrice qu'oxydante et cependant encore de température assez élevée.

Les objets minces de 3 à 4 millimètres d'épaisseur sont, en général, suffisamment décarburés en une opération; mais quand ils ont 10 à 20 millimètres d'épaisseur, ils doivent subir un second recuit en tout semblable au premier; au delà de 20 millimètres et jusqu'à 30 et 40 millimètres, épaisseur limite qu'il convient de ne pas dépasser, il faut compter 3 recuits, ce qui devient une fabrication extrêmement onéreuse.

Après le recuit, les pièces sont le plus souvent roulées dans des tonneaux tournants avec du sable pour les nettoyer du minerai et du sable de moulage qui s'y trouve encore plus ou moins attaché; elles sont ensuite prêtes à être livrées.

En résumé, la décarburation pour fonte malléable est une sorte d'affinage de la fonte; mais son application est restreinte puisqu'elle ne convient qu'à des pièces minces et dans le cas où la fonte employée est extrêmement peu souillée de matières étrangères, cette cémentation oxydante ne pouvant expulser que les éléments capables de former avec l'oxygène des composés gazeux que le fer ne détruit pas, tels sont les composés du carbone et en partie ceux du soufre; tandis que le phosphore, le silicium et les métaux étrangers peuvent bien être oxydés mais non éliminés. Or comme la plupart de ces éléments étrangers rendent le fer plus ou moins aigre, on doit reconnaître que pour obtenir des objets tenaces et malléables, il faut des fontes tout à fait pures.

La fonte malléable obtenue avec des fontes pures est un

11

fer mou, flexible, moins dense que le fer forgé (7.10 environ), sa résistance à la rupture peut atteindre 35 kilog. par millimètre carré, mais elle s'allonge peu.

Sa fabrication est excessivement délicate; aussi ne faut-il rien économiser, ni sacrifier : choix de matières premières, précautions dans le moulage, charges et masselottes suffisantes, fusion au creuset, emploi de fontes intelligemment mélangées, etc., car il reste toujours assez d'obstacles à vaincre pour arriver à un résultat convenable.

Malheureusement, les prix obligent souvent le producteur à mettre le creuset de côté, pour opérer la fusion au cubilot, et à employer des fontes de deuxième choix, lorsqu'il y a déjà assez de difficultés avec celles de première qualité.

On ne tient pas toujours assez compte de la nature du métal que l'on traite; les modèles sont quelquefois faits avec toute la fantaisie de conception du constructeur, qui ne s'inquiète pas du retrait lequel est d'environ 20 millimètres par mètre.

Ce retrait, double de celui de la fonte ordinaire, exige de grandes précautions dans le moulage et des attaques spéciales pour éviter que les angles des pièces soient noirs et souvent gercés.

Enfin, un modèle mal conçu compromet la solidité d'une pièce et en rend même quelquefois la réussite impossible.

On doit autant que possible, dans la construction d'un modèle : 1° chercher la régularité dans les épaisseurs; 2° éviter les angles vifs; 3° en calculant bien le retrait, s'assurer toujours s'il peut s'opérer facilement.

Avec un modèle en cuivre établi d'après les données ci-dessus, on est toujours en droit de compter sur des pièces propres et de bonne qualité.

Comme les pièces en fonte malléable de plus de 30 à 40 millimètres d'épaisseur perdent de plus en plus leur résistance à mesure que cette épaisseur augmente, pour des pièces dépassant 30 millimètres l'on doit aborder franchechement l'acier moulé. Pour les petites' pièces minces, il n'y a aucun intérêt à remplacer la fonte malléable par l'acier moulé qui, de sa nature et en raison de la haute température qui lui est nécessaire, se trempe dans le sable, se fige rapidement et exige presque les mêmes recuits que la fonte malléable. Le résultat est donc le même avec un plus grand risque de soufflures. Pour les fortes pièces, au contraire, il conserve bien toutes ses qualités et l'on bénéficie du recuit en vase clos.

Ce n'est pas que les moulages d'acier soient plus faciles à produire que les moulages en fonte malléable; au contraire, aux difficultés présentées par ces derniers viennent s'en ajouter d'autres encore et d'un autre ordre.

Lorsque l'on a voulu entreprendre les moulages d'acier, on s'est longtemps buté contre des obstacles qui semblaient insurmontables, les pièces coulées s'obtenaient déchirées, caverneuses, remplies de soufflures à l'intérieur; la surface extérieure était couverte de dartres et de tacons provenant de la vitrification du sable des moules. Plus on voulait obtenir doux, plus ces difficultés étaient graves.

Actuellement encore toutes ces difficultés sont loin d'être vaincues et les résultats obtenus ne sont pas toujours réguliers et satisfaisants.

Pendant longtemps les soufflures ont été l'un des premiers obstacles rencontrés, on les évite aujourd'hui en coulant les objets en acier relativement dur, fondu en creusets; la charge est composée d'une bonne partie de fonte riche en silicium.

Lorsque ce moyen, tenu secret par les usines qui s'en servaient, fut plus ou moins connu, la science s'appliqua à l'analyser, et il devint alors clair que la compacité des pièces coulées était due, en grande partie, à la présence du silicium qui donne un acier privé de gaz, et cela pour deux raisons: d'abord, le silicium diminue considérablement la capacité de solution des gaz dans l'acier liquide, ensuite il empêche le dégagement de l'oxyde de carbone, causé par la réaction, sur le carbone de l'acier, de l'oxygène de l'oxyde de fer dissous dans l'acier liquide. Or, comme dans la fusion en creusets l'acier est préservé contre l'action oxydante de l'air et que, d'autre part, sa dureté relative écarte les chances de dissolution des oxydes de fer, il s'ensuit que la préparation des coulées sans soufflures ne présente pas, au creuset, les difficultés des coulées en acier doux par les procédés Bessemer ou Martin.

Les formules de mélanges employés dans la fusion au creuset, pour moulages en acier, varient considérablement d'une fonderie à l'autre; mais dans toutes on cherche à produire un acier renfermant de 1 à 1.5 0/0 de carbone.

Ces mélanges sont généralement compris entre les limites:

> 30 0/0 fer puddlé,
> 60 0/0 acier puddlé, acier Bessemer ou Martin,
> 10 0/0 fonte siliceuse,

et :

> 80 0/0 acier puddlé, acier Bessemer ou Martin,
> 20 0/0 fonte riche en silicium.

Quelquefois quand les fers ou aciers employés sont fortement oxydés (ferrailles), on ajoute encore à ces mélanges de 2 à 5 0/0 ferro-manganèse. De plus, et soi-disant pour épurer le métal, on préconise de nombreuses recettes de mélanges d'ingrédients tels que le bichromate de potasse, l'iodure de potassium, le chlorure d'ammoniaque, le peroxyde de manganèse, le prussiate de potasse, etc., à introduire soit avec le mélange métallique avant sa fusion, soit dans le métal avant sa coulée. Généralement tous ces ingrédients ne font ni bien, ni mal, et demeurent à la surface de l'acier liquide ou se volatilisent sans aucun profit.

Naturellement la qualité de l'acier varie avec la pureté des matières métalliques employées; avec des aciers Bessemer ou Martin de mauvaise qualité, des fontes siliceuses impures, on ne peut produire que des moulages de résistance médiocre.

A leur sortie du moule, les objets coulés avec cet acier dur présentent une fragilité excessive, due à la trempe, à la cristallisation de cet acier dans le moule, et l'on ne peut donner à ces objets la résistance que comporte le métal dont ils sont formés qu'à l'aide d'un recuit, en vase clos, durant 7 à 8 jours pour des épaisseurs moyennes ; mais pouvant aller jusque 3 semaines et au delà pour de fortes épaisseurs.

Quand les aciers sont très durs (1,50 0/0 carbone et plus), l'adoucissement de ces aciers doit même s'opérer, comme celui de la fonte malléable, par un recuit au sein d'une poudre oxydante.

Ce métal n'est donc qu'un intermédiaire entre la fonte malléable et l'acier doux ; sa résistance à la traction peut s'élever jusque 35 et 40 kilog. par millimètre carré, mais son allongement est généralement compris entre 0,5 et 3 0/0, ce dernier chiffre est bien rarement dépassé.

C'est aux ingénieurs de Terre-Noire que revient l'honneur d'avoir produit en grand les ferro-manganèse riches en manganèse (18 à 85 0/0) et aussi qu'est due l'idée nouvelle d'introduire le silicium (5,5 à 13.5 0/0) en quantité notable dans cet alliage, ce qui donne la possibilité d'obtenir des coulées sans soufflures, en acier doux Bessemer et Martin.

On sait, en effet, que dans les procédés Bessemer et Martin, le silicium contenu dans la charge s'oxyde dès le commencement de l'opération et passe dans la scorie. On obtient presque toujours, vers la fin de l'opération, un métal débarrassé de silicium ; et comme la fonte spiegel ou le ferro-manganèse en contiennent très peu, l'acier obtenu n'en contient guère plus. Telle est la cause de la présence des gaz et des oxydes en solution dans l'acier Bessemer ou Martin et la raison pour laquelle la plupart des lingots coulés sont remplis de soufflures. L'alliage de ferro-siliciure de manganèse, fabriqué à l'usine de Terre-Noire, donne un moyen d'introduire dans le produit final une quantité de silicium suffisante pour détruire l'oxyde de carbone et pour former ensuite un bisilicate de protoxyde de fer et de manganèse, par la réduction des oxydes de fer dissous dans l'acier.

Ce bisilicate, étant bien liquide et fusible, monte relativement vite à la surface et, de cette manière, le bain métallique se débarrasse entièrement des particules de scories qui nuisent aux qualités physiques de l'acier obtenu ; cet acier coule sans ébullition et donne des pièces sans soufflures.

Le brevet que la Société de Terre-Noire prit à cette occasion en 1876, entre dans beaucoup de détails sur la manière de procéder et sur les résultats avantageux que l'on doit attendre de l'introduction du manganèse et du silicium dans l'acier.

La fusion est faite sur la sole d'un four à réverbère à régénérateur Siemens. La base la plus convenable pour servir de bain initial à l'opération est du spiegel contenant 6 à 12 0/0 de manganèse et 5 à 5,5 0/0 de carbone. On peut remplacer le spiegel par de la fonte de bonne qualité dans laquelle le manganèse serait introduit à la proportion voulue par le ferro-manganèse riche.

La proportion de manganèse est absolument nécessaire dans le bain initial ; ce bain initial étant complètement en fusion et à une température élevée, on procède aux additions successives de riblons de fer ou acier, etc., comme dans le Martin. La fusion doit avoir lieu aussi rapidement que possible.

Si l'on veut obtenir un acier coulé dur, il faut de préférence ajouter des matières les plus carburées ; on y ajoutera au contraire des rognures d'acier doux, ou de fer, ou de fer puddlé, si l'on veut obtenir des aciers coulés doux.

On fait des éprouvettes comme à l'ordinaire et on les essaie, elles doivent supporter le martelage sans gerçure à la circonférence, seul critérium d'un bain aussi peu oxydé que possible. Il faut toujours opérer sur un métal peu oxydé, ce qui est le contraire de la façon adoptée dans le procédé Martin.

L'addition d'une dose de manganèse ajoutée avant la coulée diminue la dose de silicium que l'on emploie actuellement pour obtenir l'acier sans soufflures et permet d'obtenir un métal très fluide possédant une résistance remarquable à la traction et au choc.

Cette addition facilite, en outre, la séparation du métal de la scorie.

Le dosage indiqué par le brevet de Terre-Noire pour acier dur est le suivant :

Silicium . . . . 0,5 à 0,6 0/0,

Carbone . . . . 0,7 à 1,2 —

Manganèse . . . . 0,2 à 1,6 —

et pour acier doux :

Le silicium doit être réduit à un
  minimum de . . . . 0,3 à 0,4 0/0 environ,

Le carbone doit être réduit au
  maximum de . . . . 0,15 à 0,3   —

Le manganèse de . . . . 0,6 à 1,2   —

En prenant des quantités variables intermédiaires, on obtient les différentes nuances de dureté de l'acier coulé : 1° au point de vue de l'acier coulé dur, supposant un bain métaltique obtenu comme il est dit précédemment et l'éprouvette s'étant bien martelée sans déchirure et contenant :

0,3 0/0 de carbone,

0,5 0/0 de manganèse,

on procède de deux façons aux opérations finales.

A. — Le premier procédé consiste à ajouter pour 100 kilog. contenus dans le bain : 14 à 15 kilog. d'une fonte composée de :

Fer 84,2 0/0

Carbone . . . . 3,2 —

Silicium . . . . 3,6 —

Manganèse . . . . 9 —

ce qui représente, dans le bain, une addition totale de :

Fer 12,22 0/0
Carbone. . . . . 0,46 —
Silicium . . . . 0,52 —
Manganèse . . . . 1,30 —

Le fer vient augmenter la quantité déjà contenue dans le bain, puis le carbone, le silicium et le manganèse, passant également en grande partie dans le bain, sauf quelques légères fractions absorbées par la scorie, on obtient un métal contenant :

Carbone . . . . 0,65 à 0,70 0/0
Silicium 0,48   0,50 —
Manganèse 1,30   1,50 —

B. — Le deuxième moyen consiste à ajouter sur 100 kilog. 11 kilog. d'une fonte composée comme suit :

Fer. 91,4 0/0
Carbone. . .   . . 3,6 —
Silicium. . . . . 5 —

plus 2 kilog. de ferro-manganèse contenant :

Fer 29,5 0/0
Carbone. . . . . 5,5 —
Manganèse. . . . . 65 —

ce qui représente une addition totale dans le bain de :

Fer. 11,8 0/0
Carbone . . . . 0,51 —
Silicium . . . . 0,55 —
Manganèse . . . . 1,30 —

c'est-à-dire, un résultat presque analogue au précédent, tout étant obtenu par des moyens différents.

Dans ce dernier cas, on ajoute d'abord la fonte siliceuse, et lorsqu'on sent avec le crochet qu'elle est fondue en grande partie, on fait l'addition de ferro-manganèse et l'on coule presque immédiatement.

La fusion des fontes additionnelles est plus longue que dans le premier cas, c'est pourquoi l'on est obligé d'employer plus de silicium.

L'acier coulé dur dont il est question, ne représente pas la dernière limite de la dureté; si l'on voulait faire plus dur, il faudrait ajouter un peu plus de ferro-manganèse, ou une certaine dose de fonte carburée seulement.

2° Au point de vue de l'acier doux, ce mode d'opérer diffère sensiblement. L'éprouvette doit être amenée à subir le martelage sans crique sur les bords et se plier à froid sur elle-même et à refus. Le carbone restant dans le bain, à ce moment, ne doit pas dépasser 0,2 0/0, le manganèse devant être dans la proportion de 0,4 à 0,5 0/0.

L'opération étant à ce point, on opère comme il suit aux additions et de deux manières différentes.

A. — Dans le premier cas, on ajoutera par 100 kilog. de matières contenues dans le bain : 6 kilog. d'un alliage de fer, silicium et manganèse contenant :

Fer. . . . 71,4 0/0 ⎫ soit ajouté : Fer. . . . 4,28 0/0
Carbone. . 3,6 — ⎪   Carbone. . 0,22 —
Silicium . 7 — ⎬   Silicium. . 0,42 —
Manganèse 18 — ⎭   Manganèse. 1,08 —

En tenant compte de ce qu'il reste dans le bain avant l'addition et les pertes sur les différents éléments ajoutés, l'acier obtenu contiendra :

Carbone . . . . 0,27 à 0,32 0/0
Silicium . . . . 0,35 à 0,38
Manganèse . . . . 1,10 à 1,30

dosage qui correspond bien à un acier doux.

B. — Le deuxième procédé consiste à ajouter sur 100 kilog. de matières contenues dans le bain : 6 kilog. d'une fonte composée de :

Fer. . . . . 91,9 0/0 ⎫ Soit ajouté : Fer. 5,51 0/0
Carbone. . 3,1 — ⎬   Carbone. . 0,19 —
Silicium. . 5 — ⎭   Silicium. . 0,30 —

plus 1 kilog. 50 de ferro-manganèse contenant :

Fer	24,5 0/0	Soit ajouté : Fer. . . .	0,37 0/0
Carbone . .	5,5 —	Carbone. .	0,08 —
Manganèse	70 —	Manganèse.	1,05 —

En totalité, les éléments ajoutés par ces deux additions représentent :

Fer. 5,88 0/0
Carbone. . . . . 0,27 —
Silicium. . . . . 0,30 —
Manganèse. . . . . 1,05 —

et l'acier coulé provenant de ce mode d'opérer, en tenant compte des considérations énoncées précédemment, contiendra:

Carbone . . . . 0,32 à 0,35 0/0
Silicium . . . . 0,23 à 0,26 —
Manganèse. . . . . 1,10 à 1,30 —

ce qui correspond bien à un acier doux.

Les divers dosages précédemment indiqués ne sont cités que comme types; évidemment le nombre de combinaisons peut varier à l'infini, suivant que l'on veut produire des nuances d'acier plus ou moins dur.

Tous ces divers éléments d'additions et de dosages doivent être chauffés à l'avance et introduits dans le four aussitôt le forgeage réussi de l'éprouvette. A ce moment on brasse le bain et aussitôt les matières fondues, on coule rapidement.

La coulée de cet acier s'opérant dans des moules métalliques ou coquilles en fonte ou en acier, les pièces produites n'ont pas leur surface recouverte de dartres provenant de la vitrification des sables de moulage ou parois du moule ; mais le retrait étant considérable, environ 20 millimètres par mètre, ces pièces doivent pouvoir être dégagées des moules immédiatement et être portées de suite dans un four à réverbère amené à la chaleur rouge, pour s'y refroidir lentement en même temps que le four, qui alors, par sa masse, sert de régulateur au refroidissement et en s'opposant au refroidissement plus rapide des parties minces que celui des parties épaisses, des pièces coulées, prévient par là leur rupture due aux contractions inégales.

Pendant ce refroidissement, le tirage du four doit être obturé et toutes les entrées d'air doivent être soigneusement lutées afin de rendre le refroidissement le plus lent possible.

Enfin, pour supprimer le retassement, très considérable dans l'acier, — il est nécessaire de ménager une ou plusieurs

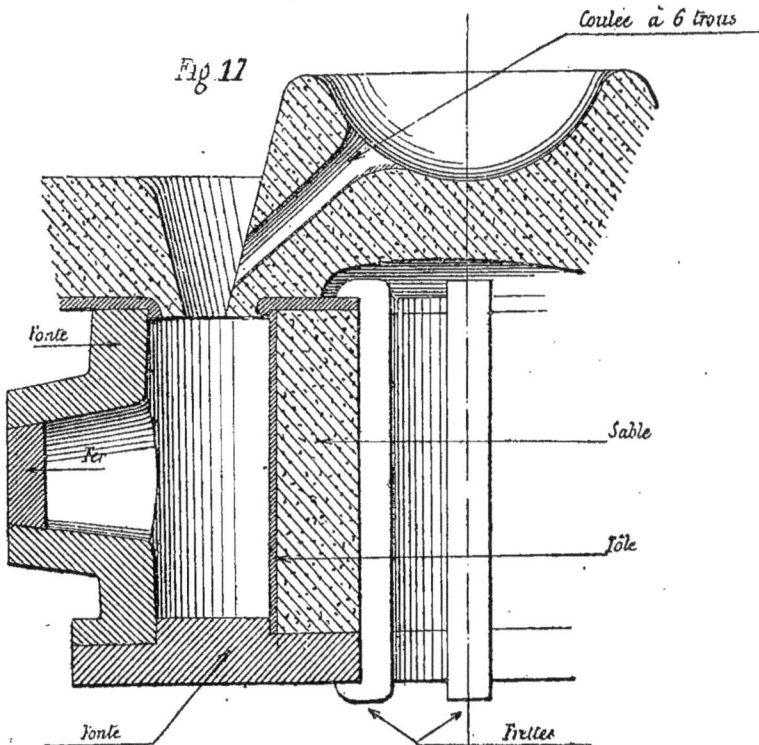

Moulage d'une frette avec tourillons.

masselottes, au moins égales au quart ou même au tiers du poids total de la pièce.

Ces masselottes doivent être placées sur les parties les plus épaisses, dans l'endroit où le retassement est le plus fort; leur jonction avec la pièce doit être aussi large que.

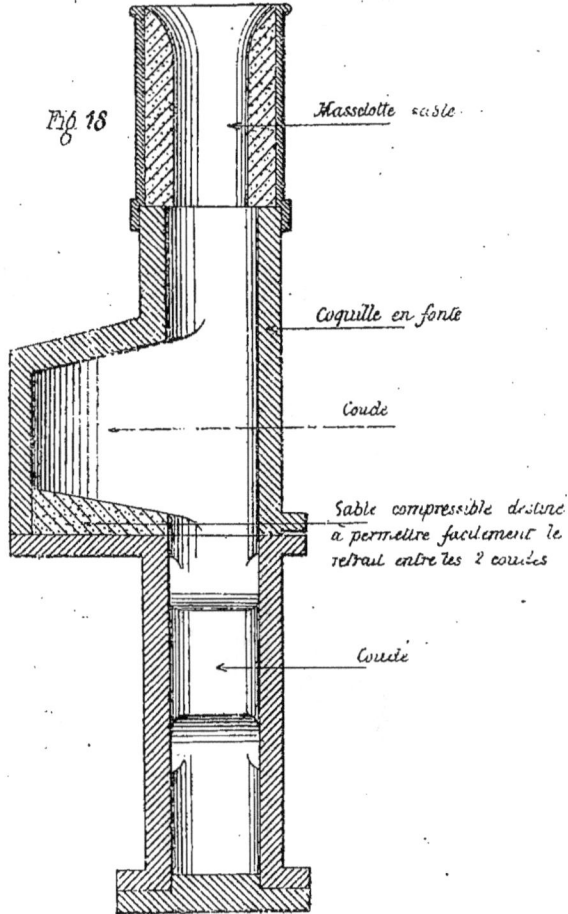

Fig. 18

Masselotte sable

Coquille en fonte

Coude

Sable compressible destiné à permettre facilement le retrait entre les 2 coudes

Coude

Moulage d'un arbre à deux coudes.

possible afin que le collet ne se fige pas ayant l'intérieur et que le métal liquide de la masselotte puisse bien servir de réservoir et venir abreuver la pièce tant que l'acier à l'intérieur de cette pièce n'est pas entièrement solidifié.

De plus, pour conserver dans ces masselottes l'acier liquide le plus longtemps possible, la partie du moule qui y correspond est faite en sable ; ce qui leur assure un refroidissement beaucoup plus lent que celui des pièces sur lesquelles ces masselottes sont implantées, le refroidissement de ces pièces étant rendu excessivement rapide par le moule métallique qui les enveloppe.

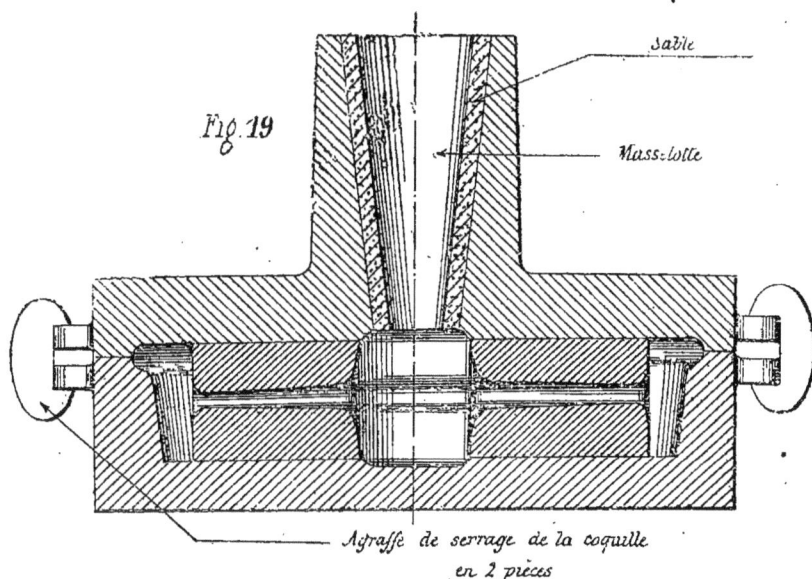

Fig. 19

Moulage de roues soit à bras, soit à cloison plate ou en S.

Ces masselottes à large section sont coupées après le recuit soit sur une machine à raboter ou à mortaiser, soit sur le tour.

Les figures 17, 18 et 19 représentent quelques exemples de moulage de pièces en acier fondu d'après les procédés de

Terre-Noire et l'examen de ces croquis permet de se rendre compte des procédés employés.

D'une part, sans tenir compte des difficultés de fabrication des moulages en acier et des nombreux rebuts résultant de ces difficultés (pièces mal venues par défaut de chaleur du métal liquide, par insuffisance d'évents ou de masselottes, pièces cassées dans les moules par le retrait, pièces partiellement brûlées dans les fours à recuire ou manquant de résistance par suite de recuit insuffisant, etc.), si l'on fait entrer en ligne de compte le déchet considérable dû à l'emploi des masselottes et les frais de recuit devant l'un et l'autre exister quel que soit le procédé employé; et de plus, dans le procédé de Terre-Noire, les coquilles de durée assez restreinte, on reconnaîtra que la production de ces aciers est fort onéreuse.

D'autre part, si l'on considère que l'emploi de masselottes à large section est loin d'être toujours possible, la forme des pièces à produire ne permettant pas toujours de les adopter; que le moulage en coquille ne peut s'appliquer qu'à des pièces épaisses, de forme simple, on comprendra que les ressources offertes par l'acier au moulage, sont encore très limitées et incomparablement plus bornées, malgré les progrès accomplis, que celles présentées par la fonte.

Ed. Deny.

IMPRIMERIE CENTRALE DES CHEMINS DE FER. — IMPRIMERIE CHAIX.
RUE BERGÈRE, 20, PARIS. — 16218-2.

IMPRIMERIE CENTRALE DES CHEMINS DE FER. — IMPRIMERIE CHAIX.
RUE BERGÈRE, 20, PARIS — 16220-3

www.ingramcontent.com/pod-product-compliance
Lightning Source LLC
Chambersburg PA
CBHW050109210326
41519CB00015BA/3889